MATTHIAS RÖCKE

SCHWER TRANSPORTER

ZUGMASCHINEN UND TIEFLADER IM SPEZIALEINSATZ

HEEL

HEEL Verlag GmbH
Gut Pottscheidt
53639 Königswinter

Telefon 0 22 23 / 92 30-0
Telefax 0 2223/923026

Mail: info@heel-verlag.de
Internet: wwwheel-verlag.de

3. aktualisierte und erweiterte Neuauflage

Verantwortlich für den Inhalt: Matthias Röcke, Sinzig

Lektorat: Tim O. Saathoff

Satz und Gestaltung: Kai Huwer, Huwer-Design, Hürth

Printed in Latvia
ISBN: 978-3-69019-000-8

MATTHIAS RÖCKE

SCHWERTRANSPORTER

ZUGMASCHINEN UND TIEFLADER IM SPEZIALEINSATZ

HEEL

01 Einführung 6

02 Zugmaschinen 8

Die Technik 10

Astra 16

DAF 18

FAUN 20

Iveco (Magirus-Deutz) 26

Kaelble 28

MAN 33

Mercedes-Benz 40

Mol 48

Nicolas 50

Paul 52

Scania 54

Tatra 57

Titan 60

Volvo 64

Willème 68

Fahrzeuge aus Russland und ehemaligen Sowjet-Staaten 70

Fahrzeuge aus den USA 78

Literatur:

Bücher:
Clever, Thorge, Deutsche Bahn Schwerlastgruppe, Brilon, 2023
Dünnebier, Michael, Lastwagen & Busse Osteuropas, Stutttgart, 2019
Gebhardt, Wolfgang H., Faun - Giganten der Landstraße, Stuttgart, 2002,
Husemann, Lothar, Bammel, Michael, Schwerlastfahrzeuge von Goldhofer, Stuttgart, 2005
Kessler Klaus-Peter/Baumann-Duvenbeck, Sabine, 125 Jahre Baumann, Bornheim, 2013
Nooteboom (Hrgb.), Giants on the Road, Wijchen (NL), 2008
Nooteboom (Hrgb.), Nooteboom - Giants in Windmill Transporters, Wijchen (NL), 2008
Oswald, Werner, Lastwagen Lieferwagen Transporter 1945-1988, Stuttgart, 1989
Röcke, Matthias, Sonderfahrzeuge MAN Spezialkonstruktionen im Einsatz, Königswinter, 2006
Wahl, Joachim, Luig, Alexander, Kaelble - Lastkraftwagen und Zugmaschinen, Brilon, 1999

Weitere Quellen:
Historischer Kraftverkehr, versch. Ausgaben
lastauto omnibus (Katalog), versch. Ausgaben
Hoss, Peter, Kassel: Expertise Schwertransporter Bundeswehr
www.hadel.net
www.ulrichwrede.de

Abbildungen:
Quellen sind an den Abbildungen vermerkt.

03 Militärische Fahrzeuge 84

Bundeswehr 86

04 Tieflader und Plattformwagen 94

Die Technik 96

Broshuis 107

Cometto 110

Doll 112

Faymonville 114

Goldhofer 116

Kamag 122

Nicolas 124

Nooteboom 125

Scheuerle 130

05 Schwertransport in Deutschland 138

Genehmigungen und Bürokratie 140

06 Die Transporte: Alltag und Rekorde 146

U-Boot „U17“ 148

Wärmetauscher 154

XL-Trafo 158

Baumann in der DDR 160

Kesselbrücke 162

XL-Gussteil auf 216 Rädern 163

US-Luxusyacht 164

XL-Spezialschiff 165

Rheinschiff „Karlsruhe“ 166

Transportgut Schwertransporter 167

Katamaran in Schieflage 168

Hausboot der Kelly Family 169

ICE-Waggon 170

Elefantenskulptur 171

Containerbrücke 172

Brecheranlage 173

Reaktoren für die Rajasthan-Raffinerie .. 174

Chemieindustrie-Großkessel 175

Kapelle von Košice 178

Holzkirche von Kiruna 179

Windkraftanlagen 180

Windkraftflügel 184

Trimodale Transporte 186

Schwerlasttransporte auf der Straße finden stets eine hohe Beachtung in der Öffentlichkeit – dank der spektakulären Bilder in den klassischen Medien, den sozialen Medien und nicht zuletzt vor Ort. Es stecken große Leistungen von Mensch und Technik dahinter, wenn Transformatoren, Schiffe, Rotorblätter, schwere Baumaschinen oder gar ein U-Boot von A nach B gebracht werden.

In den vergangenen Jahren hat sich das Interesse an einem weiteren Punkt fest gemacht: Die wirtschaftliche Bedeutung dieses Segments der Logistik wird immer deutlicher, je vernachlässigter sich die Infrastruktur in Deutschland zeigt. Wenn Schwerlasttransporte große Umwege fahren müssen, um marode Brücken zu vermeiden oder wenn Maschinenbaubetriebe deshalb befürchten, ihre mehrere hundert Tonnen schweren Produkte nicht mehr versenden zu können, nimmt das auch eine breite Öffentlichkeit wahr.

Der Schwertransport ist eine Branche der kreativen Tüftler und flexiblen Problemlöser – abseits aller Normung und Rationalisierung. Entwicklungsingenieure der Hersteller von Schwerlastzugmaschinen, Tiefladern und Schwerlastmodulen, Disponenten der Fachspeditionen, sogar Produktplaner im Maschinen- und Anlagenbau – nur was transportabel ist, darf gebaut werden – und nicht zuletzt die Fahrer und Bediener tragen zur einmaligen Vielfalt der Szene bei.

Schon bei früheren Auflagen dieses Buches konnte ich die Tiefe und Bedeutung des Themas intensiv erfahren. Auch jetzt hat meine Arbeit vielfältige Hilfe erfahren und dafür bin ich sehr dankbar. Die Ergebnisse intensiver Recherchen wären nicht zustande gekommen ohne den Zugriff auf aktuelle Fotos sowie auf Informationen zur Technik und zum Transportwesen. Die Quellen sind so vielfältig wie die ganze Branche. Sie reichen von den meist mittelständisch geprägten Herstellern der Fahrzeuge über die Fachspeditionen bis zu begeisterten und fachkundigen Beobachtern in den sozialen Medien. Ich bin stets auf Offenheit gestoßen und sehr dankbar für diese Unterstützung.

Matthias Röcke
Sinzig, September 2025

Foto: TII Scheuerle

01 EINFÜHRUNG

STAD

02 ZUGMASCHINEN

Foto: Wikimedia / David Gubler

Die Technik

Schwerlastzugmaschinen sind die einzigen Lastwagen, die mit Langsamkeit beeindrucken. Mehr Respekt der Umstehenden ist nicht möglich als der, den der Fahrer eines Schwertransportes erfährt, wenn er mit Übersicht und Geduld seine Fuhre durch enge Straßen dirigiert. Und wer die Last auf dem Tieflader kennt, überträgt den Respekt auf die Zugmaschine. 250 Tonnen in Gang zu bringen, auch am Berg, auch auf nasser Fahrbahn, das ist eine technische Topleistung, äußerlich verborgen unter einem Großserienfahrerhaus und Verkleidungselementen.

Das Fahrerhaus der Schwerlastzugmaschinen sitzt meist höher als bei den Fernverkehrsversionen derselben Marke, da braucht es die zwei großen, gelben Rundumleuchten auf dem Dach als Unterscheidungsmerkmal kaum. Mercedes-Benz, MAN, DAF, Iveco, Scania und Volvo bieten in Europa ihre Schwerlastzugmaschinen in Abwandlung aus der Großserie an beziehungsweise stellen den Spezialisten ihre Komponenten zur Verfügung, so dass der Schwerlastverkehr alle Vorteile der gut entwickelten Fahrerarbeitsplätze aus aktueller Produktion für sich nutzen kann. Hochwertige Sitze, ausgefeilte Positionierung der Instrumente, gute Sichtverhältnisse, Klimaanlage und Heizung und einfach zu bedienende Getriebe zahlen sich aus.

Die zweite augenfällige Besonderheit der Schwerlastzugmaschine ist ihre Achskonfiguration. In der Regel handelt es sich um Dreiachser oder Vierachser mit oder ohne Allradantrieb. Bei den Vierachsern sind die beiden vorderen Achsen gelenkt, es gibt dabei zwei verschiedene Positionen der gelenkten Achsen. Um einen möglichst kurzen Radstand zu verwirklichen, sitzt bei modernen Schwerlastzugmaschinen häufig die zweite gelenkte Achse als Vorlaufachse unmittelbar vor den beiden Hinterachsen. Das Fahrzeug ist wendiger als mit längerem Radstand bei paarweise angeordneten Achsen. Außerdem kann bei kleinem Radstand ein Auflieger mit kürzerem Überhang und dadurch kürzerer Gesamtlänge verwendet werden. Der größere Radstand dagegen bietet einer Ladung mit großem Überhang in Richtung Fahrerhaus mehr Raum zum Durchschwenken.

Das Baukastensystem der Hersteller von Schwerlastzugmaschinen ist bei den Antriebsachsen sehr vielfältig. Dreiachsige Fahrzeuge gibt es sowohl mit angetriebener als auch mit nicht angetriebener Vorderachse. Vierachser haben immer zwei Lenkachsen, auch hier werden Allradantrieb oder nur Antrieb über die beiden Hinterachsen

Vier Achsen auf engem Raum – in den Fahrgestellen von Schwerlastzugmaschine kommt es auf jeden Zentimeter an. Auf dem Bild ein von Popp mit einer vierten Achse versehener Volvo. *Foto: Popp*

angeboten. Ob Allradantrieb benötigt wird, hängt von den Einsatzbedingungen ab. Steigungen und enge Kurven erfordern eine Kraftübertragung auch über die vorderen Räder, andere Einsatzbedingungen machen dies entbehrlich.

Bei spezialisierten Umbaubetrieben werden Vierachser zu Fünfachsern umgebaut, Vor- und Nachlaufachsen komplettieren dann das Fahrzeug, um die Nutzlast oder die Manövrierfähigkeit zu verbessern.

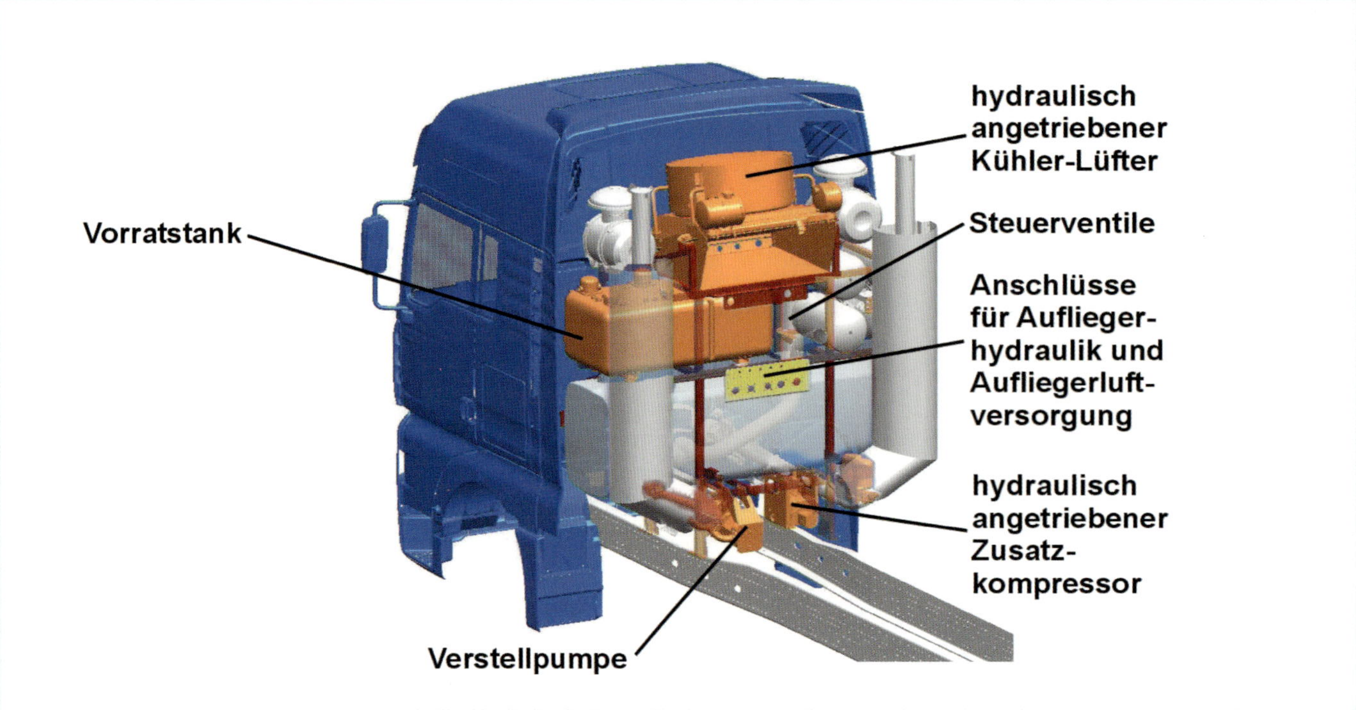

Das Aggregategestell hinter dem Fahrerhaus: Die Kühlanlage für die Wandlerschaltkupplung und der Zusatztank brauchen Platz – dargestellt am Beispiel eines MAN TGA. *Abbildung: MAN*

Kurzzeitige Höchstleistung beim Anfahren

Das äußere Kennzeichen der Schwerlastzugmaschine schlechthin sind die technischen Aggregate hinter dem Fahrerhaus. Was hier hinter großflächigen Verkleidungsblechen platziert ist, macht den Unterschied zum Fernverkehrs-Lkw oder zum schweren Allradler für die Bauwirtschaft: Der große Kühler für das Öl der Wandlerschaltkupplung und des Getriebes sowie der dazugehörige Hydraulik-Öltank bilden in vielen Fällen zusammen mit dem Luftkessel das spezielle Schwertransportpaket, oft ergänzt um einen zusätzlichen Kraftstofftank für lange Strecken. Kühlung ist das zentrale Thema bei diesen Fahrzeugen, wobei der Zugmaschine im normalen Fahrbetrieb ein serienmäßiger Wasserkühler – allerdings in der größtmöglichen Dimension – durchaus reicht, trotz niedrigster Geschwindigkeiten bei höchster Leistung.

Der enormen zusätzlichen Kühlaufwand beim Transport erforderte lange Zeit eine Wandlerschaltkupplung. Inzwischen existieren als Alternativen auf den Schwerlastverkehr abgestimmte Erweiterungen der automatisierten Getriebe, beispielsweise in Form von Kriechgängen zum Anfahren wie bei Volvo.

Das Aggegategestell am MAN TGX aus dem Jahr 2024. *Foto: www.hadel.net*

Und so arbeitet die Wandlerschaltkupplung als aufwendige Anfahrhilfe: Sie passt in der beim Schwertransport höchst problematischen Anfahrphase das Drehmomentverhalten des Motors an das benötigte Zugkraftmoment an. Das Anfahren, gegebenenfalls sogar am Berg, ist eben die maximale Anforderung an die Zugmaschine. Eine herkömmliche Kupplung würde sie nicht bewältigen. Herzstück der Wandlerschaltkupplung ist der hydrodynamische Drehmomentwandler. Er arbeitet zwischen einem Pumpenrad am Motor und einem Turbinenrad an der Antriebswelle. Das Pumpenrad treibt das Hydrauliköl zum Turbinenrad und setzt es auf diese Weise in Gang. Ein Leitrad zwischen diesen beiden Elementen leitet den Ölstrom zusätzlich um und erhöht den Druck auf das Turbinenrad. Die Drehzahl des Turbinenrades steigert sich so lange, bis die Drehzahlen von Motor und Antriebswelle in etwa gleich sind. In diesem Augenblick setzt sich die Zugmaschine in Bewegung, die herkömmliche Kupplung wird nicht eingespannt. Das Anfahren unter den Umständen des Schwertransports ist nur stufenlos möglich. Rollt die Zugmaschine, schaltet ab einer bestimmten Motordrehzahl ein Überdruckventil die Wandlerschaltkupplung aus und das Schaltgetriebe mit herkömmlicher Kupplung ein. Auf dem selben Wege schaltet es auch wieder zurück, dann zum Beispiel, wenn dem Transport am Berg Stillstand droht. Das Umschalten geschieht drehzahlabhängig von allein, der Fahrer kann aber über ein Kick-down des Gaspedals auch selbst dafür sorgen.

Zusätzlich hat die Wandlerschaltkupplung eine integriert betriebene Strömungsbremse. Um den enormen Kühlaufwand zu bewältigen, arbeitet ein hydraulischer Lüfter, der unmittelbar von der Kurbelwelle angetrieben wird. Die Zentralhydraulik besteht aus einer Verstellpumpe, die direkt von der Nockenwelle aus betrieben wird. Der Vorteil: Auf diesem Wege kann die Hydraulik des Aufliegers oder Anhängers unabhängig vom Fahrzeug-Getriebe gespeist werden. Im weiteren Fahrbetrieb steht ein herkömmliches Getriebe bereit, meist mit 16 Gängen in zwei Schaltgruppen. Bis zur Einführung der automatisierten Getriebe ab etwa 2008 wurde vom Fahrer manuell geschaltet. Hieraus sind in langjähriger Entwicklungsarbeit die Erweiterungen der automatisierten Getriebe unter Einbeziehung von Kriechgängen entstanden, lieferbar seit den frühen 2020er Jahren. Eine weitere Alternative stellt die Turbo-Retarder-Kupplung dar, eine sehr kompakte Kombination von Strömungskupplung und Retarder in einem Gehäuse, eingeführt von Mercedes-Benz im Jahr 2014.

Motoren aus der Großserie

Für die Auswahl der Motoren greifen die Hersteller natürlich ganz oben ins Regal. V8-Maschinen mit 653 PS (Mercedes-Benz) oder Sechszylinder-Reihenmotoren mit 460 PS aus 12,8 Litern beziehungsweise V8-Motoren mit 680 PS (MAN) sind bis heute die Größenordnung bei allen Herstellern. Den Spitzenwert im Jahr 2025 steuert Volvo mit 770 PS bei, Scania liegt nur knapp darunter. Die Motoren stammen aus der Großserie und finden auch in den Top-Versionen für Fernverkehr und Baustellenbetrieb Verwendung. Elektronische Steuerung, Direkteinspritzung, Turboaufladung und Ladeluftkühlung gehören zum Standard der modernen Maschinen. Besonders beim Thema Umweltverträglichkeit profitiert die Kleinserie von der Großserie, denn mit etwas Verzug sind die aktuellen Abgasnormen stets in die Schwerlastzugmaschinen eingeflossen.

Nach Fahrzeugtypen unterscheiden die Hersteller meist in Zugmaschinen für den Transport bis 160 Tonnen Zuggesamtgewicht und bis 250 Tonnen. Darüber ist für ein einzelnes Fahrzeug ohnehin Schluss, schwerere Transporte müssen mit mehreren Maschinen bewegt werden, die schieben und ziehen, auch hintereinander gekoppelt. Allradantrieb gibt es permanent oder zuschaltbar, ein Verteilergetriebe regelt die perfekte Abstimmung zwischen den vorderen und den hinteren Achsen.

Auch die benötigten Achsen befinden sich im Sortiment der Nutzfahrzeughersteller. Hinten kommen Außenplaneten-Achsen zum Einsatz, wie sie auch für Baufahrzeuge gebraucht werden. Deren Tragfähigkeit von 13 Tonnen wird in der Schwerlastzugmaschine bei ihrem hohen Eigengewicht dringend benötigt. Bei der zweiten gelenkten Achse handelt es sich meist um eine Vorlaufachse, kombiniert mit Luftfederung. Die Luftfederung ermöglicht eine variable Belastung, zum Beispiel weniger Druck auf der Achse bei Rangierarbeiten. Das Einsatzgewicht einer vierachsigen Schwerlastzugmaschine liegt bei 41 Tonnen.

Der Rahmen des Fahrgestells stammt entweder aus dem Bauprogramm für die schweren Kipper oder für Pritschenwagen, dann aber punktuell verstärkt. Spezielle Kupplungen an den Rahmenenden zum Schieben und Ziehen sowie aufwendige, in ihrer Position verschiebbare Sattelkupplungen sind – nach den auf dem Aggregategestell hinter dem Fahrerhaus untergebrachten Kühlaggregaten – ein weiteres äußeres Kennzeichen der Schwerlastzugmaschinen.

Um Zuggesamtgewichte von 250 Tonnen zu bewegen, bedarf es eben eines hohen Aufwandes. Schließlich geht es nicht nur um das Anfahren und Ziehen auf ebenen Strecken. Auch Steigungen zwischen 6,6 und 14 Prozent bei trockener Fahrbahn (die Werte verteilen sich auf Vierachser nur mit hinterem Antrieb bis zu Vierachsern als Allradler) müssen die Schwerlastzugmaschinen schaffen, ganz abgesehen von Extremsituationen, wie nasser Fahrbahn, Kurvenfahrt oder beim Ziehen eines langen Tiefladers über eine Kuppe.

Auswahlkriterien für Zugmaschinen

Beispielhaft haben hier die Spedition Viktor Baumann aus Bornheim bei Bonn und die Spedition Kübler in Michelfeld-Erlin angegeben, welche Kriterien für sie bei der Beschaffung einer Schwerlastzugmaschine maßgebend sind:

Baumann: Gefragt sind vorrangig PS-Leistungen um 640, die Wandlerschaltkupplung (beispielsweise MAN), die Turbo Retarder-Kupplung (Mercedes-Benz), Umbau auf die Antriebsformel 8x6 durch einen darauf spezialisierten Betrieb (Maurer/MAN, Paul/Mercedes-Benz), ein geräumiges Fahrerhaus und natürlich Preis und Service.

Kübler: Lieferbarkeit der gewünschten Achskonfiguration (6x6, 8x4, 8x8), Kompatibilität untereinander (Achsabstände, Position der Sattelplatte und der Quertraverse für Anhängerkupplung), Preis/Leistung sowie Liefertermine, Werkstatt in der Nähe, Probefahrten der Fahrer, Beteiligung der Fahrer bei Ausstattung und Ausrüstung.

Als das PS-Rennen noch die 300 als Ziel hatte: Kaelble 833 EZ 300 aus den späten 1950er Jahren auf spektakulärer Innenstadtfahrt. *Foto: Baumann*

Blick zurück: Schritt für Schritt zum Spezialfahrzeug

Der Weg zu Schwerlastzugmaschinen dieser Leistungsklasse verlief erst seit der Einführung der Wandlerschaltkupplung – oder wie in anderen Fällen auf Schwertransporte abgestimmter automatischer Getriebe – auf eigenen Bahnen und nicht mehr wie zuvor parallel zum gewöhnlichen Lastwagen. Allerdings profitiert die Schwerlastzugmaschine immer wieder von Errungenschaften der Großserientechnik, etwa bei den Motoren (Turbolader, Ladeluftkühlung) und im Bereich der Elektronik (Datenbus). Bis in die späten sechziger Jahre, als die Wandlerschaltkupplung kam, hatte noch stets die Serientechnik genügt, so dass die Entwicklung der Zugmaschinen vom Fortschritt beim Motorenbau und den Getrieben sowie der Einführung des Allradantriebs geprägt war. Der technische Fortschritt bei den automatisierten Getrieben ermöglicht in den 2020er Jahren den Verzicht auf die Wandlerschaltkupplung, beispielsweise bei Volvo begrenzt auf ein Gesamtzuggewicht von 360 Tonnen, bei Scania auf 250 Tonnen. Das Anfahren besorgen zwei Kriechgänge.

200 PS waren ab den späten 1930er Jahren möglich, ebenso bereits der Allradantrieb. Getriebe mit zwei Schaltgruppen zur besseren Unterteilung kamen Mitte der fünfziger Jahre. Über die Marke von 240 PS und 420 PS (Beispiel Kaelble) entwickelten sich die Motorleistungen nach oben. 1979 bot MAN seinen V10-Motor mit 400 PS an, Mitte der 1980er Jahre waren es bei einem V12 bereits 700 PS, sehr viel mehr ist es bis heute nicht geworden.

Als Abwandlung der Schwerlastzugmaschinen haben sich schwere Lastwagen für überdimensionierte Transporte auf schwerem Gelände, beispielsweise auf Ölfeldern, als eigenes Segment herausgebildet. 1985 beeindruckte Faun mit dem HS 50.25/75, einem Fünfachser (vier Achsen angetrieben) mit einem Gesamtgewicht von 58 Tonnen. Heute bieten unter anderen Kamag, Mol und Tractomas derartige Fahrzeuge an.

Mit 80 Tonnen Gesamtgewicht wie bei diesem Mol HF 8066 lässt sich auf schwerem Gelände viel bewegen. *Foto: Mol*

Abholtermin: Zwei neue Astra HD9-Zugmaschinen verlassen das Werk in Piacenza. *Fotos: Astra Veicoli Industriali*

Astra

Astra Veicoli Industriali im italienischen Piacenza deckt für Iveco den Bereich der Schwerlastfahrzeuge ab, seit 1986 gehört die Firma vollständig zum Konzern. 2013 wurde sie CNH (Case und New Holland) zugeordnet, um den Spezialfahrzeugbau (Traktoren und Baumaschinen) unter dem Dach von Iveco zusammen zu führen. Es entstehen bei Astra Fahrzeuge sowohl für Transporte auf der Straße, in Steinbrüchen und auf Ölfeldern als auch im Bereich der schweren Baustellenfahrzeuge.

Die aktuelle Zugmaschine von Astra ist der Typ HD9. Es gibt ihn als Drei- und Vierachser jeweils mit Allradversionen an der Spitze. Gesamtzugleistungen bis 275 Tonnen sind möglich. Motoren liefert Iveco aus seiner Cursor-Reihe (570 PS aus 13 Liter Hubraum). Für die Kraftübertragung bietet Astra je nach Typ verschiedene Lösungen an. Handgeschaltete Getriebe und Wandlerschaltkupplungen, automatisierte Schaltgetriebe oder Vollautomatik für die vierachsigen Allradtypen. Achsen und Fahrgestelle sind gegenüber der Großserie verstärkt. Trotz der Zugehörigkeit zu Iveco pflegt der Hersteller eigenständiges Design, die Kabine erinnert nur in Details an die Großserie.

Schwerlastfahrzeuge von Astra gibt es seit 1956, angefangen mit schweren Muldenkippern für den Betrieb in Steinbrüchen. Begonnen hatte man 1946 mit der Aufarbeitung von Altfahrzeugen aus Kriegszeiten. Im Jahr 1994 wurde die HD-Serie eingeführt, den HD9 gibt es seit 2016.

Windkraftflügel im Schlepp: Im März 2025 transportierten Astra HD9-Zugmaschinen 27 Flügel in der Länge von 81 Metern in den Windpark von Mesagne bei Brindisi.

Transporte bis 120 Tonnen Zuggesamtgewicht sind das Einsatzfeld der Schwerlastzugmaschinen von DAF. Hier ein XF 105 mit vier Achsen aus dem Jahr 2009. *Foto: DAF*

DAF

DAF aus den Niederlanden, einer der sieben großen Lkw-Hersteller in Europa, ist später als die meisten anderen zur serienmäßigen Schwerlastzugmaschine gekommen. Die Messe „bauma 2007" in München war der Premierenschauplatz, als die schon länger verfügbare, herkömmliche dreiachsige Zugmaschine um die neue vierachsige Version ergänzt wurde. Diesen FTM aus der Baureihe XF 105 gab es mit zwei angetriebenen Hinterachsen (Tandemachse) und einer Vorlaufachse hinter der Vorderachse. Die Vorlaufachse ist hier wie die anderen auf hohe Achslast ausgelegt. Vorgesehen ist der DAF für Zuggesamtgewichte bis 120 Tonnen und verfügt deshalb nicht über eine Wandlerschaltkupplung oder vergleichbare Technik. Maximal kann ein Fahrzeuggesamtgewicht von 41 Tonnen erreicht werden. Motoren von 410, 460 oder 510 PS stehen zur Wahl, bei der Kraftübertragung ein manuelles Schaltgetriebe oder die automatisierte Schaltung AS-Tronic.

DAF heute: Der XG 530 XTM hat ebenfalls zwei angetriebene Hinterachsen und eine Nachlaufachse. *Foto: DAF*

Den aktuellen Stand dieser Technik präsentiert der DAF XG 530 in drei verschiedenen Typen. Der 530 FTM entspricht in seiner Achskonfiguration 8x4 dem oben beschriebenen X 105. Daneben gibt es den 530 FTT als Dreiachser und den 530 FTG als Zweiachser mit Vorlaufachse. Letzterer erreicht ein Zuggesamtgewicht von nur 80 Tonnen, die anderen beiden 120 Tonnen. Der Motor stammt aus dem DAF-Mutterhaus Paccar, ein Reihensechszylinder der Baureihe MX 13, hier 530 PS stark – bei einem Hubraum von 12,9 Litern. Das automatisierte Getriebe ist aus der Traxon-Reihe von ZF bekannt. Speziell für den Schwerlast- und Kranverkehr erhält das 16-Ganggetriebe eine Lamellenkupplung. Dieses Paket von Kupplungsscheiben soll verschleißfreies Anfahren auch bei hohen Reibwerten garantieren. Eine Wandlerschaltkupplung ist in dieser Gewichtsklasse nicht vorgesehen.

Nachkriegsgeneration: Faun-Schwerlastzugmaschine L 8 38 ZA aus dem Jahre 1956. *Foto: Scheuerle*

FAUN

Die Ära der Schwerlastzugmaschinen aus dem Hause Faun, die bis in die 1990er Jahre reichen sollte, begann 1938 mit der Premiere der ZR 567. Motorenlieferant Deutz hatte einen Sechszylindermotor mit 150 PS entwickelt, mit dessen Hilfe sich nun bis zu 100 Tonnen bewegen ließen. Das Anfahren bewältigte stufenlos ein Drehmomentwandler in Form eines hydraulisch laufenden Schubgliederbandes. Die Kraftübertragung während der Fahrt regelte ein Fünfgang-Getriebe, angetrieben war nur die Hinterachse. Die zweiachsige Zugmaschine beeindruckte mit ihrer langen Haube und der großen Doppelkabine. Bedarf für die Zugmaschinen hatten seinerzeit vorrangig die Deutsche Reichsbahn und die Wehrmacht. Der absolute Star dieser ersten Baureihe von Faun-Schwerlastzugmaschinen ist schließlich auch ein Fahrzeug für die Bahn: der Typ ZRS. Die Zusatzbezeichnung S weist auf „Schiene" hin (das R steht für „Reichsbahn-Version"), hier war der Faun zur Kleinlok mutiert, ein Zweiwegefahrzeug für Straße und Schiene. Die Krone setzte der Baureihe aber der Typ AZRS auf, nicht nur weil er (als erste Faun Schwerlastzugmaschine) über Allradantrieb verfügte, sondern auch wegen seiner zwei Führerstände...

Noch bis 1951, nur kurz unterbrochen von einer Produktionspause nach schweren Bombenangriffen im Jahre 1943, hatten die Schwerlastzugmaschinen der ersten Generation Bestand. Die aus dem Jahr 1850 stammende Firma hatte nach der Zerstörung des Stammwerkes in Ansbach 1944 eine schwierige Phase zu überstehen gehabt: Noch während des Kriegs war der Bau eines Zweigwerks in Lauf an der Pegnitz begonnen worden; außerdem stand ein Werk im Stadtgebiet von Nürnberg zur Verfügung. Das Werk in Lauf wurde zum Stammwerk.

Für lange Zeit das Erscheinungsbild der Faun-Zugmaschinen L 8 in neuer Fassung ab 1953. *Foto: Scheuerle*

Das neue Faun-Modell für den Schwerlastverkehr kam mit der Baureihe L 8 im Jahre 1951 auf den Markt, ein Vorläufer des künftigen schweren Faun-Lkw L8, der ab 1953 in Serie ging. Erkennbar an der gerundeten Haube und dem neu gestalteten Fahrerhaus, erschienen diese Lastwagen nach und nach in Fernverkehrsausführung, als Kipper, als Sattelzugmaschinen und eben als Schwerlastzugmaschine in der Nutzlastklasse von rund neun Tonnen. Die Schwerlastzugmaschine L 8/38 Z schöpfte ihre Kraft aus dem neu eingeführten, luftgekühlten V6-Motor von Deutz mit 180 PS aus 13,6 Litern Hubraum. Ebenfalls lieferbar war eine Allradausführung. Die Kraftübertragung besorgte ein Sechsgang-Getriebe. Die Baureihe der schweren Zugmaschinen behielt ihr Erscheinungsbild von 1951 im Prinzip bis 1969 bei; allerdings bei ständig steigender Leistung über die Typen L 908/38 ZA (Dreiachser, Allradantrieb, 170 PS) und L 912 Z/ZA (250 PS) des Jahres 1956 bis zum L 1212/45 ZA von 1967. Der Deutz-Motor war nun ein V12 und leistete 300 PS.

Modernisiert: Faun F 610/36 ZAN aus dem Jahre 1965. *Foto: Scheuerle*

Schwergewicht macht Pause:
Faun HZ 40.45 beim Einsatz in Spanien.
Foto: Gerlach Fronemann

Bundeswehralltag in den 1970er Jahren: Faun Franziska, neben dem Elefant die Zugmaschine für den Panzertransport. *Foto: Ulrich Wrede*

Faun lebt weiter: Nutzfahrzeugliebhaber erhalten markante Exemplare wie diesen L 1206 W. *Foto: Paulitz*

Ab 1957 versorgte Faun die neu gegründete Bundeswehr mit schweren Lastwagen und Zugmaschinen, meist Sattelzugmaschinen. Hierfür fand zunächst ein V12-Motor (250 PS aus 16 Litern Hubraum) von Deutz Verwendung. Von den Schwerlastzugmaschinen der neuen Dimension gab es den Z12 als hohen, kantigen Frontlenker mit kurzem Radstand auf sehr großen Rädern, eine Abwandlung aus der Baureihe für die Bundeswehr und alternativ als Dreiachser in Weiterentwicklung der Lkw-Serie für die Straße.

Der Quantensprung

Während Faun seine Motoren und Getriebe stets einkaufte, handelte es sich bei den Antriebsachsen und den meisten anderen Fahrwerkskomponenten um Eigenentwicklungen. Die nächste PS-Stufe läutete in mehrfacher Hinsicht eine neue Epoche ein: Kabine und Haube topmodern, bisher nicht gekannte Motorendimension und eine andere Form der Kraftübertragung – ein Quantensprung war geschafft mit dem L 1206 W/45 Z 6x6. Das Bild dieser 1969 vorgestellten Zugmaschine würde bis in die achtziger Jahre für die Marke Faun stehen – für einige Zeit fast die einzige ernstzunehmende Schwerlastzugmaschine aus deutscher Produktion, da Wettbewerber Kaelble sich mehr und mehr zurückzog und andere noch nicht wirklich präsent waren. Der Motor, ein Sechszylinder von MTU, lief bereits mit Abgasturbolader und lieferte 450 PS ab. Drehmomentwandler und ein Achtganggetriebe bildeten die Kraftübertragung, erstmals wurde als Bremshilfe ein Retarder eingesetzt.

Einer der Letzten: Der vierachsige Goliath mit 525 PS machte seinem Namen alle Ehre. *Foto: Faun*

Die Basis war geschaffen, aber der Markt forderte mehr Leistung. Mitte der 1970er Jahre setzten die stolzen Zahlen von 780 PS aus 26 Litern Hubraum und eine gezogene Last von maximal 378 Tonnen eine neue Marke. Wieder stammte der Motor von MTU, für die Kraftübertragung hatte Faun die sehr aufwendige Bauform des hydrostatischen Antriebs (Direktantrieb an den Rädern über Öldruck) angewendet. Das Eigengewicht betrug 28 Tonnen, noch ca. 14 Tonnen ließen sich an zusätzlichem Ballast auflasten. Nach und nach entstand ein Faun-Baukasten: Drei neue Motoren wurden 1975 eingeführt, zwei 1977, und zwar V10- und V12-Maschinen von Deutz mit Leistungen von 275 PS bis 455 PS. Die zwei größeren Aggregate hatten eine Allison-Fünfgang-Automatik, die anderen kamen mit dem Sechsgang-Getriebe aus.

In der Regel hatten die Faun-Schwerlastzugmaschinen Allradantrieb, auf Wunsch wurden die schwächeren Ausführungen aber auch nur mit Hinterradantrieb geliefert. Ende der siebziger Jahre standen zusätzlich Motoren von Daimler-Benz und Cummins zur Verfügung – für Gesamtzugleistungen von 100 bis 125 Tonnen mit den kleineren Motoren und bis 250 Tonnen mit den größeren. Dennoch blieben die Leistungswerte noch unterhalb derer des Superstars mit 780 PS. Der wird erst im Jahr 1979 von der 1000-PS-Zugmaschine getoppt: Der V8 mit 26,5 Litern Hubraum stammt von MTU; Wandlerschaltkupplung und Achtgang-Getriebe von ZF sind nach dem Motor die wichtigsten Komponenten des Riesen.

Langzeitnutzung: Faun Hercules aus den 80er Jahren in Russland aktuell noch im Einsatz. *Foto: Max Chernyavsky*

Ursprünglich für Projekte in Syrien um 1980 angeschafft, wurde dieser HS 50.25/73 10x8 im April 2017 in der ungarischen Provinz abgelichtet. *Foto: Josef Schmidinger*

Auf der Internationalen Automobilausstellung 1985 in Frankfurt am Main erreichte die Botschaft des „größten Lastwagens der Welt“ das staunende Publikum. 3300 Millimeter hoch, 14.300 Millimeter lang, ein Radstand von 8300 Millimetern, 58 Tonnen schwer bei einer Nutzlast von 24 Tonnen, so stand der Super-Lastwagen HS 50.25/73 in der Halle vor – oder besser gesagt – über den Betrachtern. Gebraucht wurde er für die Arbeit auf Ölfeldern und für andere Extremeinsätze, in Abwandlungen auch für militärische Zwecke.

Die Kabine der Faun-Zugmaschinen war im Laufe der Zeit einer Wandlung unterworfen, zunehmend kamen Fahrerhäuser von MAN und Iveco zum Einsatz, kombiniert mit einer Haube aus glasfaserverstärktem Kunststoff. Die berühmten langen Nasen von Faun fuhren in ganz Europa und in Asien, einige auch in der Sowjetunion (insbesondere mit luftgekühlten Deutz-Motoren) und anderen Ostblockstaaten jener Zeit.

Den letzten großen Modellwechsel bei seinen Schwerlastzugmaschinen vollzog Faun 1987: Die Neuen erhielten nun auch Namen: „Herkules“ und „Koloss“ (jeweils dreiachsig), „Goliath“ und „Gigant“ (vierachsig). Dass der „Herkules“ dabei der schwächste war, zeigt sinnbildlich die Dimensionen des Schwertransportes. Die Deutz-Motoren im Herkules (V10 und V12) leisteten 320 und 384 PS, ein Getriebe von ZF mit 16 Gängen übertrug die Kraft, unterstützt von einer Wandlerschaltkupplung. Bis 230 Tonnen konnten die „Kleinen“ wegziehen. Darüber stand der „Koloss“ mit zwei V12-Motoren von Deutz zur Wahl. Zwei Abgasturbolader produzierten 480 PS, mit Ladeluftkühlung sogar 525 PS. Das Ergebnis: Zugleistung bis 280 Tonnen. Der vierachsige „Goliath“ war mit der Topmotorisierung aus dem „Koloss“ versehen, der „Gigant“ aber – der Name sagt alles – brachte es auf 780 PS, erzeugt vom Zweitakt-Diesel aus dem Hause GM (Detroit Diesel). Bis 400 Tonnen dürfen an die Kupplung, genau so viel wie acht Jahre zuvor am Fahrzeug mit 1000 PS. Der Aufbau war aus verschiedenen Komponenten zusammengestellt, meist mit Doppelkabine von Iveco und langer hauseigener Haube oder – beim nun ebenfalls lieferbaren Frontlenker – mit Fernverkehrskabine von MAN („Koloss“).

Es blieben bislang die letzten Faun-Schwerlastzugmaschinen. Eine der Folgen mehrfacher Umstrukturierungen Mitte der 1980er Jahre war für die angeschlagenen Firma letztlich die Einstellung des Zugmaschinenbaus durch Tadano, den neuen Hausherrn in Lauf. Als Hersteller von Mobilkranen ist Tadano-Faun bis heute eine feste Größe, ebenso wie die Faun Umwelttechnik am früheren Borgward-Standort Osterholz-Scharmbeck auf dem Sektor der Abfallsammelaufbauten.

In der Zeit von 1947 bis 1991 entstanden 3324 Zugmaschinen von Faun, die höchste Zahl mit 660 produzierten Einheiten brachte das Jahr 1982.

Die Iveco-Schwerlastzugmaschinen sind Spezialanfertigungen von SIVI in Italien, hier mit dem 2007 eingeführten Fahrerhaus der Stralis-Baureihe. *Foto: Broshuis*

Iveco (Magirus-Deutz)

Wie bei anderen großen europäischen Lkw-Herstellern entstehen die Schwerlastzugmaschinen von Iveco in den Hallen eines auf diese Technik spezialisierten Betriebes. Die Firma SIVI (Societá Internazionale Veicoli Industriali) übernimmt wesentliche Grundelemente von Iveco-Fahrzeugen für die Bauwirtschaft und macht daraus das gewünschte Zugfahrzeug. SIVI arbeitet seit 1982 mit Iveco zusammen und ist heute eine hundertprozentige Tochter des Großserienherstellers. Außer mit Schwerlastzugmaschinen für die Straße ist die Firma aus Piacenza in der Nähe von Mailand mit Zugmaschinen für den Wüsteneinsatz und anderen Sonderkraftfahrzeugen befasst. Heute firmiert SIVI zusammen mit Astra. Die ebenfalls zu Iveco gehörende Marke steht für schwere Transportfahrzeuge für verschiedene Zwecke und beliefert auch den deutschen Markt mit Schwerlastzugmaschinen.

Von den Schwerlastzugmaschinen gibt es Drei- oder Vierachser und von beiden sogar Allradvarianten. Die zulässigen Gesamtgewichte liegen zwischen 33 und 48 Tonnen. In allen Modellen kommt der stärkste Iveco-Motor zum Einsatz, derzeit der Reihensechszylinder mit 560 PS. Das 16-Ganggetriebe wird auf Wunsch mit der von ZF stammenden Wandlerschaltkupplung Transmatic gekoppelt. Die Achsen stammen aus dem Iveco-Baukasten. Beim Rahmen handelt es sich um eine SIVI-Anfertigung in den auf die Zugmaschinen zugeschnittenen Maßen und versehen mit einem Schlussquerträger, der übrigens bei allen Varianten bis 250 Tonnen Zuglast verträgt.

Natürlich erhalten die Schwerlastzugmaschinen die größten Fahrerhäuser des Konzerns – die 2007 in den Fernverkehrsvarianten eingeführte Stralis-Kabine hat ein Jahr später in die Schwerlastversion Einzug gehalten. Bis weit in das Jahr 2004 hinein hatte Iveco noch die alten, aus dem Jahre 1993 stammenden Kabinen der Reihen EuroTrakker und EuroStar verwendet.

Basis dieser Schwerlastzugmaschine ist der EuroTrakker in der Antriebsformel 8x4. Das Zuggesamtgewicht beträgt 250 Tonnen. *Foto: Iveco*

Vor Iveco gab es mit Fiat, Lancia, Magirus-Deutz und Unic vier Nutzfahrzeugmarken, die mit der Gründung des Iveco-Konzerns im Jahre 1975 nach und nach aus der Welt der schweren Lastwagen verschwunden sind. Die deutsche Traditionsmarke Magirus-Deutz hatte den allerbesten Ruf auf dem heimischen Markt und im Export, sowohl mit Fernverkehrs- als auch mit Baufahrzeugen. Im Bereich der Zugmaschinen war die Firma weniger aktiv, allerdings gab es schon früh Sattelzugmaschinen innerhalb des Allradprogramms, die sich für Lasten bis rund 60 Tonnen Zuggesamtgewicht eigneten. Ein solches Fahrzeug war Mitte der 1960er Jahre der Magirus-Deutz 200 D 26 AK, ein Dreiachser in Allradausführung. Er ließ sich gut als Sattelzugmaschine zum Beispiel zum Transport schwerer Baumaschinen einsetzen. Ein Sechsganggetriebe in zwei Schaltgruppen bildete die Grundlage der Kraftübertragung.

Auf eine ganz andere Kundschaft waren die Allrad-Sattelzugmaschinen aus den späten siebziger Jahren in Ableitung der schweren Baufahrzeuge zugeschnitten. Die Baureihe hatte ihre Karriere 1970 als die „Deutschen Bullen" (Werbebezeichnung) begonnen. 1973 war die Reihe um den dreiachsigen Allradkipper 310 D 16 weiterentwickelt worden. Davon abgeleitet erschienen 1978 zwei Allradsattelzugmaschinen für den militärischen Einsatz. Die schwerere vom Typ 310/320 D34 AS 6x6 verfügte als wichtiges Unterscheidungsmerkmal gegenüber dem 310/320 D 26 über eine Wandlerschaltkupplung. Allradantrieb, Einzelbereifung (auch hinten), mit 4000 Millimetern ein relativ großer, auf den Einsatzzweck abgestimmter Radstand, ein zulässiges Gesamtgewicht von 34 Tonnen sowie das Zuggesamtgewicht von 76 Tonnen kennzeichneten die vornehmlich für den Panzertransport konzipierten Fahrzeuge.

Der besondere Magirus: 1979 lieferte das Werk in Ulm den Typ 310 D 35 an das Militär für den Panzertransport. *Foto: Hist. Archiv Iveco-Magirus*

Zugmaschine für die Bahn: Bis weit in die ersten Nachkriegsjahre lief die Kaelble Z6 W ZA 130 bei der Deutschen Bundesbahn – schon 1923 war mit der Baureihe begonnen worden. *Foto: Archiv Autor*

Kaelble

Die Ära der Straßenfahrzeuge der 1884 gegründeten und ab 1895 im schwäbischen Backnang ansässigen Firma Kaelble beginnt 1923 mit den Zugmaschinen Z1, Z3 und Z4, gedacht für den einfachen Speditionsbetrieb, wie es damals üblich war. Häufig legten solche Zugmaschinen in der Leistung von 30 bis 60 PS vor zwei Anhängern den Weg zwischen Bahnhof und Innenstadt zurück; es war ein Anliegen der Bahn, die Transportkette nach Erreichen des Zielbahnhofs zu beschleunigen und die Fracht effektiver umzuschlagen als es die noch nicht sehr leistungsfähigen Lastwagen konnten. Kaelble unterhielt in diesem Zusammenhang gute Kontakte zur Deutschen Reichsbahn und war deshalb von Anfang an dabei als die Bahngesellschaft eine ganz neue Idee verwirklichen wollte: Die Direktzustellung von Waggons an Frachtkunden ohne Gleisanschluss oberhalb des Stückgutverkehrs. Schwere Zugmaschinen waren gefragt, eine große Epoche von Kaelble nahm ihren Anfang mit der Z6 aus dem Jahre 1933.

Die neuartigen Culemeyer-Straßenroller brachten zusammen mit dem Waggon rund 40 Tonnen auf die Straße. Die dreiachsige Kaelble Z6 hatte dafür 100 PS aus einem Reihensechszylinder und anfangs ein Viergang-, später ein Fünfganggetriebe zur Verfügung. Angetrieben waren die beiden Hinterachsen, die übrigens als Halbpendelachsen hohe Belastungen gut verkrafteten. Zehn Tonnen betrug das zulässige Gesamtgewicht einschließlich Ballast, auf maximal 20 km/h brachte es der revolutionäre „Schienenzug". Geladen wurde mit Hilfe einer serienmäßig angebrachten Seilwinde – ein Original-Kaelble-Produkt!

Ursprünglich im Panzertransport für die französische Armee eingesetzt, später in der Oldtimerszene: Kaeble 631 SF, beladen mit einer Hanomag Straßenzugmaschine ST 100. *Foto: Udo Paulitz*

Nach dem Neuanfang in Backnang ab 1945 kamen Schwerlastzugmaschinen erst 1951 an die Reihe, als die K 630 Z erschien. Ein neuer, größerer Sehzylindermotor, der nun 150 P5 aus 14,3 Litern Hubraum holte, und ein Fünfgang-Getriebe von ZF stellten neben der breiteren Motorhaube und dem größeren Fahrerhaus die wichtigsten Schritte der Weiterentwicklung gegenüber der Z6 aus der Vorkriegszeit dar. Schon bald kam mit der K 631 Z ein kleinerer Typ hinzu (zulässiges Gesamtgewicht 16 Tonnen statt 22,5 Tonnen), lieferbar mit zwei oder drei Achsen. Seine besondere Stellung: Die Zugmaschine ist das erste Kaelble-Allradfahrzeug nach 1945. Äußerlich ist sie erkennbar an der nochmals verbreiterten und modernisierten Haube.

Ein Jahr später trat die große Zugmaschine neuester Entwicklung an, zusammen mit der entsprechenden Lkw-Version. K 832 nannte man den 200 P5 starken Lkw. Stolz trägt er diese Zahl am Kühlergrill. Mit diesen beiden Schwerlastzugmaschinen geht Kaelble durch die erste Hälfte der fünfziger Jahre und deckt damit den Bereich bis rund 100 Tonnen Zugleistung ab. Besonders spektakulär wirken die Frontlenker wie die dreiachsige Zugmaschine 631 SF für die französische Armee. Allein vom Typ 631 entstanden 1039 Einheiten, darunter 217 bis ins Jahr 1961 ausgelieferte Fahrzeuge für die Deutsche Bundesbahn. Die 200-PS-Maschine (Typ 830) wurden bis 1956 in ganzen 136 Exemplaren gebaut.

Steigende Motorleistungen verschoben allmählich die Einsatzbereiche der Zugmaschinen. An der Spitze des Programms steht ab 1956 der Typ 833, darunter der 680. Die Motoren leisten 240 beziehungsweise 180 PS, so dass die neuen Fahrzeuge der mittelschweren Baureihe immer mehr in den Schwerlastsektor reichen, wie zum Beispiel der Typ 645 mit zunächst 145 PS. Der technische Fortschritt der Turboaufladung sorgt bei diesem Typ schon für 180 PS; die Leistung beim Typ 680 steigt auf 225 P5 und – als absolute Krönung – beim 836 auf 300 PS (zwei Turbolader).

Prägten das Straßenbild in der Bundesrepublik über viele Jahre: Kaelble KV 632 mit Culemeyer-Straßenroller der Deutschen Bundesbahn. *Foto: Scheuerle*

Schlusspunkt einer erfolgreichen Serie: KDV 22 Z8T (Baujahr 1961) schaffte Zugleistungen bis 100 Tonnen und kam mit herkömmlicher Kraftübertragung aus. *Foto: Kaelble Werkfoto*

Der kantige und wenig erfolgreiche Nachfolger, die KDV 24 Z 8T, hier mit Modulen von Scheuerle. *Foto: Scheuerle*

Zuggewichte von knapp 50, von 57 und von 100 Tonnen sind die Alltagswerte dieser drei Baureihen in der zweiten Hälfte der 1950er Jahre. Äußerlich unterscheiden sie sich durch modernisierte Kabinen von den Vorgängern. Der letzte Vertreter dieser Baureihe erschien 1961, inzwischen in einer neuen Typcodierung: Die KDV 22 (Kraftfahrzeug, Dreiachser, Vorderradantrieb, 22 Tonnen Nutzlast) war mit den bekannten, inzwischen weiterentwickelten Motoren zu haben, dem Sechszylinder-Reihenmotor (200 P5 und 270 PS) und dem V8 (240 und 300 PS). Die Zugleistung lag unverändert bei rund 100 Tonnen, noch besorgten herkömmliche Getriebe allein die Kraftübertragung.

Neue Generation

Die Nachfolger spielten nicht mehr dieselbe Rolle auf dem Markt. Im radikalen Wandel vom traditionellen Design kamen sie als Eckhauber in konsequenter Kastenform, ebenfalls eindrucksvoll anzuschauen und vor allem für das Werk viel rationeller zu produzieren. In der KDV 32 Z und KDV 24 Z arbeiteten die bekannten V8-Motoren. Einer weiteren Zugmaschine ist der Schritt zur Wandlerschaltkupplung vorbehalten: Der als Kurzhauber ausgelegten KVD W 400 aus dem Jahre 1968. Zulieferer ist die US-amerikanische Firma Clark. Der neue V8-Motor leistet 400 PS, zwei Turbolader und Direkteinspritzung sorgen für die Leistung. Von 1965 bis 1969 entstehen nur 34 Fahrzeuge dieser Art, davon am Schluss zwei kleine Serien mit Motoren von Mercedes-Benz und Deutz.

Diese beiden Aggregate stellten auch die gewählte Motorisierung einer für die libysche Armee produzierten Zugmaschine dar; ein Großauftrag über 250 Maschinen, der sich als verhängnisvoll für Kaelble erweisen sollte. Die Firma, damals schon nicht mehr in Familienbesitz, hatte die schweren Sattelzugmaschinen für die Armee Libyens ab 1977 binnen drei Jahren zu liefern, was nur unter Vernachlässigung jeglicher anderer Kundschaft gelang. Erste Konsequenz der nun ausbrechenden Krise: Ein vom libyschen Staat kontrollierter Investor erwarb die Mehrheit von Kaelble. Zugmaschinen wurden fortan (fast) nicht mehr gebaut, wohl aber schwere Radlader und Speziallastwagen für den industriellen Einsatz. Kaelble kam aber aus der Krise nicht mehr gänzlich raus, über mehrere Zwischenstufen erfolgte 1996 der Zusammenbruch – und 1997 ein Neuanfang unter der Regie eines neuen Investors. 2004 ging dieser Betrieb zum Baumaschinenhersteller Terex, später zur Atlas Baumaschinen GmbH. Nach einer Produktionsverlegung nach Bulgarien verlieren sich die Spuren.

Der Typ 421 ZB hatte Anfang der 1980er Jahre noch einen anderen Karriereweg eingeschlagen – als Ersatz der bei der Deutschen Bundesbahn reichlich vorhandenen Altfahrzeuge. Die Kabine des Frontlenkers wirkte trotz kantigem Design gefällig und wohl proportioniert in der Flächenaufteilung. Der Mercedes-Motor (V12 mit Direkteinspritzung) leistete 420 PS, eine Wandlerschaltkupplung samt 16-Ganggetriebe und ein sperrbares Längsdifferenzial gehörten dazu – so trat die mit Allradantrieb versehene Maschine an, immerhin mit einem Zugleistungsvermögen von maximal 250 Tonnen. Nur drei Exemplare werden gebaut, davon eine für die DB.

Der Schlusspunkt aller Straßenzugmaschinen von Kaelble wurde gleichzeitig auch zu einer Art Krönung: die stärkste je gebaute Schwerlastzugmaschine K 4 VW 615 Z, die erste auf vier Achsen! Die PS-Leistung von 615 ist gewaltig; die Probleme der Motorkühlung und die Kühlproblematik der Wandlerschaltkupplung wurden gelöst, die Zugleistung nähert sich 1000 Tonnen, die rationelle Verwendung von Großserienkomponenten hat bei Motor, Achsen und Getriebe begonnen — es ist im Jahre 1984 die Schwerlastzugmaschine für die Zukunft, die dann aber ohne Kaelble statt findet.

Zwischen 1951 bis Anfang der 1980er Jahre sind nach Unterlagen des Verbands der Automobilindustrie VDA) und anderen Quellen 956 Zugmaschinen von Kaelble gebaut worden. Die Stückzahlen blieb pro Jahr immer im zweistelligen Bereich, das beste Jahr war 1958 mit 96 Einheiten.

Die stärkste und die letzte Kaelble-Zugmaschine: K 4 VW 615Z mit 615 PS. *Foto: Scheuerle*

Manche Aufgabe ließ sich auch mit Serienfahrzeugen bewältigen – eine Sattelzugmaschine der MAN „Pausbacke“ aus den 1960er Jahren mit zwei angetriebenen Hinterachsen mit Betonteilen für den Bau. *Foto: MAN*

MAN

Sattelzugmaschinen mit zwei angetriebenen Hinterachsen für Schwertransporte im Rahmen des Baumaschinentransports hatte es bereits in den 1960er Jahren in der Baureihe der „Pausbacke“ und in der 1967 vorgestellten neuen schweren Baureihe mit der kubischen Kabine (F8-Fahrerhaus) gegeben. Der MAN 38.320 DFAS (38 Tonnen Gesamtgewicht, 320 PS, Dreiachser, Frontlenker, Allradantrieb, Sattelzugmaschine) hatte bereits ein zulässiges Zuggesamtgewicht von 150 Tonnen. Die Hinterachsen trugen schon je 16 Tonnen, der Motor gehörte einer neuen Generation von V10-Aggregaten an, eingeführt 1973.

Der letzte Schritt zur vollwertigen Schwerlastzugmaschine, gebaut im früheren Werk der ÖAF in Wien, erfolgte bei MAN 1979, als die Baureihe von allradgetriebenen Sattelzugmaschinen mit weitgehend herkömmlicher Kraftübertragung um eine aufgerüstete Version zur Seite ergänzt wurde, nämlich um den ersten MAN mit Wandlerschaltkupplung. Dieser MAN 40.400 DFAS hatte diese für den Schwertransport seinerzeit unverzichtbare Anfahrhilfe namens WSK 400 von ZF. Unter dem Begriff „ZF Transmatik“ war sie kombiniert mit einem Achtganggetriebe. Ein Zuleitungs-Bremsanschluss für den Auflieger verbesserte die Sicherheit wie jetzt überhaupt die Zweikreisbremsanlage zum Standard zählte. Der V10-Motor war inzwischen dank Abgas-Turboaufladung bei 400 PS angelangt, das maximale Drehmoment bei 1246 Nm (1500 Umdrehungen). 12 Tonnen Eigengewicht, 40 Tonnen zulässiges Gesamtgewicht für das Fahrzeug selbst und 250 Tonnen Zuggesamtgewicht – all das adelte die Zugmaschine mit der bedingungslosen Eignung für den Schwertransport.

Neue Dimension: Der MAN 48.700 VFAS brachte Mitte der 1980er Jahre 700 PS auf die Straße. Noch war die F8-Kabine aktuell. *Foto: MAN*

Zwei weitere Stufen der Motorisierung setzten neue Maßstäbe in der Branche: 48.525 und 48.700, die Zahlen sprechen für sich. Die 525 PS stammten noch aus dem V10-Motor, jetzt noch leistungsfähiger dank Ladeluftkühlung. Zwei Jahre danach, 1985, stand der neue V12 Motor zur Verfügung. Die zwei zusätzlichen Zylinder vergrößerten den Hubraum von 17.430 ccm auf 20.910 ccm und erhöhten die Leistung auf stolze 700 PS. Bei diesem Antriebspaket griff MAN auch zu einer anderen Form der Kraftübertragung: Ein Automatik-Getriebe mit sieben Fahrstufen (Hersteller: Renk), kombiniert mit Verteilergetriebe und Differenzialsperre sowie Intarder, der integrierten Strömungsbremse.

Jeweils acht Tonnen auf den Vorderachsen und 16 Tonnen auf den Hinterachsen ergaben ein technisch zulässiges Gesamtgewicht von 48 Tonnen. Die Gesamtzuglast blieb mit 250 Tonnen unverändert. Um den Vorgang des Anfahrens zu erleichtern, verlängerte MAN den Radstand zwischen der zweiten und dritten Achse um 300 Millimeter.

Die wuchtigen Vierachser mit der kubischen Kabine bilden auch den Übergang zur neuen Generation, wobei das äußere Kennzeichen eines neuen Fahrerhauses wie das der Baureihe F 90 ab 1987 bei den Schwerlastzugmaschinen erst relativ spät umgesetzt wurde. Von größerer Bedeutung sind die neuen Motoren. Erstmals war es bei der Entwicklung nicht nur Ziel gewesen die Leistung und Sparsamkeit zu verbessern, sondern auch die Senkung der Abgaswerte im Auge zu

Schwerlastzugmaschine der nächsten Generation: Dieser F 2000 im Baumaschinentransport ist kombiniert mit einem Nooteboom-Tieflader. *Foto: Nooteboom*

behalten – und zwar in Form optimierter Einspritz- und Verbrennungsvorgänge. Allerdings fehlt nun die 700-PS-Maschine mit zwölf Zylindern, sie erfüllt diesen Standard nicht mehr. Innerhalb der neuen Baureihe muss sich die Schwerlastzugmaschine aus Österreich mit 500 PS begnügen.

Inzwischen bilden die Schwerlastzugmaschinen bei MAN einen regelrechten kleinen Baukasten. Dreiachsig und vierachsig sind sie zu haben, die Dreiachser mit zwei angetriebenen Achsen oder mit Allradantrieb. Bei den Vierachsern erfolgt der Antrieb entweder über zwei Hinterachsen, zusätzlich über die erste Vorderachse oder aber über alle vier. Drei verschiedene Radstände zwischen der ersten und zweiten Achse werden nun angeboten. Dazu passt die verschiebbare Sattelkupplung. Der Vorteil des langen Radstandes bei der Schwerlastzugmaschine liegt im größeren Schwenkraum für über die Sattelkupplung hinausragende Ladung.

Die Fernverkehrskabine aus der Baureihe F90/F 2000/E 2000 wirkte als Schwerlastzugmaschine optisch ausgesprochen gut. Wie beim Vorgänger steht ein stattliches Haus zur Verfügung mit allen Qualitäten für einen langen Aufenthalt der Besatzung. Die Kabine bleibt in diesem Segment bis zum Jahre 2003 im Programm, drei Jahre länger als bei den Fernverkehrsfahrzeugen, die schon 2000 durch den TGA abgelöst werden. Bis dahin aber gibt es noch bedeutende Weiterentwicklungen. Neue Motoren, die die Abgasnormen Euro II und Euro III erfüllen und ein Jahr vor der Premiere des TGA aufgelegt worden waren, lassen die Spitzenleistungen der Schwerlastzugmaschine auf 600 PS steigen (Typbezeichnung 50.604, 10-Zylinder-V-Motor). Das Programm ist jetzt in zwei Gruppen aufgeteilt: Schwerlastzugmaschinen bis zu einem Zuggesamtgewicht von 160 Tonnen (Reihensechszylinder mit 460 PS) und solche bis 250 Tonnen mit den erwähnten 600 PS.

Das Verteilergetriebe der schweren Ausführung, das den Kraftfluss zwischen den vorderen und hinteren Achsen regelt, hat zwei Gänge, in der kleineren Version gibt es das auf Wunsch. Die Zentralhydraulik versorgt die Hydraulik des Aufliegers unabhängig vom Getriebe. Die Verstellpumpe wird direkt von der Nockenwelle angetrieben. Auf Wunsch lässt sich in das Aggregategestell hinter der Fahrerhausrückwand ein zusätzlicher Luftkompressor zur Versorgung des Aufliegers oder Anhängers integrieren.

Gewohntes Bild im Schwertransport: Ein MAN TGA – hier in der zweiten Entwicklungsstufe und in vierachsiger Ausführung. Er zieht einen Tieflader von Goldhofer, beladen mit einem knapp 70 Tonnen schweren Bohrgerät von Liebherr. *Foto: Goldhofer*

Zweieinhalb Jahre nach der Premiere der aufsehenerregenden schweren MAN-Baureihe TGA folgte zur IAA 2002 die Schwerlastzugmaschine TGA 41.660 FVDS (41 Tonnen Gesamtgewicht, 660 PS, Frontlenker, Vorlaufachse, Dreiachser, Sattelzugmaschine). Wiederum eine stilistisch gelungene Kabine, die keine Wünsche offenließ, vor allem aber technischer Fortschritt im Bereich der Elektronik, den MAN beim TGA verwirklicht hat – das kennzeichnet diesen Schritt.

Der vertrauten Wandlerschaltkupplung steht jetzt ein automatisiertes Schaltgetriebe mit der Bezeichnung Tip-Matic zur Seite. Diese hochkarätige Getriebeeinheit komplettierte ein integrierter Retarder. Das Ergebnis: Der Fahrer braucht nur noch Gaspedal und Bremse zu betätigen. Oberhalb der von der Wanderschaltkupplung bewältigten Geschwindigkeitsbereiche wählt die Elektronik die Gänge selbst, solange der Fahrer nicht manuell eingreift und die Elektronik korrigiert. Das 10-Ganggetriebe wurde den Anforderungen des Schwerverkehrs angepasst. Außerdem gibt es eine herkömmliche Bauart mit 16-Ganggetriebe. Der seinerzeit für den TGA neu entwickelte V10-Motor leistete 660 PS. Schon vier Jahre später wurde er durch den zusammen mit dem Mobilkranhersteller Liebherr entwickelten V8-Motor ersetzt, der die Abgasnorm Euro V erfüllt. Dazu benötigt er den Harnstoff AdBlue als Zusatz. Seine Premiere feierte der neue MAN-Star auch gleich mit der optisch aufgefrischten Kabine des TGX.

Um das Jahr 2015 profitiert die Produktion der Schwerlastzugmaschinen vom neuen Motor der Bezeichnung D 38 und damit von der Erfüllung der Abgasnorm Euro VI. Die Fahrzeuge tragen jetzt die Ziffer 640 in der Typbezeichnung. Rundum erneuert kommen die Zugmaschinen nach Einführung der neuen Generation TGX Anfang 2020. Der Schwerlastvariante steht 2021 bereit. Zu erkennen ist der TGX generell an den schmaleren Frontscheinwerfern und dem geänderten Stoßfänger. Außerdem weist die schraffierte Fläche hinter den Seitenscheiben – ein typisches Merkmal der Baureihe schon beim TGA – jetzt nur noch drei Balken auf. Es gibt die Schwerlastzugmaschinen wiederum mit vier und mit drei Achsen, einsetzbar als Zug- und als Sattelzugmaschine.

TGX als schweres Kaliber: Die Schwerlastzugmaschine erscheint 2021, hier eines der ersten Fahrzeuge im Einsatz. *Foto: MAN*

Optisch leicht aufgefrischt: Der TGX von 2025 beim Baumaschinentransport. *Foto: MAN*

41.640 8x4 nennt sich im Jahr 2024 der Star des Schwerlastprogramms. Die schwächere Variante kommt auf 580 PS, beide holen ihre Leistung aus einem Hubraum von 15,3 Litern. Zwei hintereinander geschaltete Turbolader sind eine Spezialität dieses Motors, ebenso wie die mit einem Turbolader ausgestattete Motorbremse. Damit das Anfahren, ob nun am Berg oder in der Ebene, klappt, gibt es weiterhin die Wandlerschaltkupplung. Nach dem hydrodynamischen Anfahren wird der Wandler bei 1200 Umdrehungen überbrückt und es geht mit der Trockenkupplung weiter. Neu am TGX ist die gesamte Ansteuerung beziehungsweise die neu konfigurierte Software und die spezielle Heavy Duty Programmierung. Für eine gewaltige Dauerbremsleistung sorgt das Duo aus 800 PS starker Motorbremse Turbo-EVB (Auslass-Ventilbremse zur Regulierung des Abgasstroms) und Intarder (Flüssigkeitsbremse am Getriebe) mit bis zu 850 PS. In Kombination ist die Bremsleistung allerdings auf ca. 1300 PS begrenzt, um den Triebstrang zu schonen.

Der Bruttolistenpreis für einen solchen MAN TGX mit GX-Kabine als voll umfänglich ausgestattete Zugmaschine für 250 Tonnen mit Aufliegerhydraulik und Top-Ausstattung liegt zu dieser Zeit bei ca. 430.000 €. In kleinen, aber konstanten Stückzahlen tragen die Schwergewichte für den Bereich bis 250 Tonnen aus Wien über Jahrzehnte zur Marktstellung der MAN Nutzfahrzeuge AG bei. Jährlich gingen in gesunden wirtschaftlichen Zeiten rund 50 Einheiten in alle Welt, seit Aufnahme der Fertigung bei der ÖAF Anfang der achtziger Jahre waren mehr als 2000 Exemplare solcher MAN entstanden.

Schon seit 2012 bildeten MAN und Rheinmetall ein Joint Venture-Unternehmen zur Fertigung von Militärfahrzeugen. In der Folge einer Umstrukturierung 2019 wanderte die Produktion der Schwerlastzugmaschinen für die Straße aus dem Werk Wien ab. Sie kommen heute aus dem Truck Modification Center (TMC) von MAN in Wittlich in der Eifel.

Gerüstet für mehr als 1000 Tonnen im Verbund: MAN für Baumann, umgebaut von Maurer im Jahr 2019. *Foto: MAN*

Spezialanfertigung: Achsen, Gewichte und Fahrerhäuser

Dass alles auch noch ein wenig spezieller geht, zeigt der 2019 an Viktor Baumann in Bornheim bei Bonn ausgelieferte TGX41-640 8x6/4BBS. Der erste Teil der langen Typbezeichnung ist nicht ungewöhnlich, die 640 PS stehen auch anderen Schwerlastzugmaschinen von MAN zur Verfügung, ebenso die automatisierte Schaltung Tippmatic mit Wandlerschaltkupplung. Dann kommen die Besonderheiten, umgesetzt beim Umbauspezialisten Toni Maurer in enger Zusammenarbeit mit dem Abnehmer. Speziell sind die angetriebene Vorderachse und eine eigens konstruierte hydraulische Vorderachsregelung mit Niveauregulierung. Außerdem wurde der Radstand um 250 Millimeter verlängert und der Rahmen vorn um 190 Millimeter nach oben gekröpft. Anhängerkupplung und Maulkupplung sind so ausgelegt, dass der MAN im Verbund von zwei ziehenden und einer schiebenden Einheit exakt 1002 Tonnen Zuggewicht bewegen kann. Arbeitet er allein, sind 500 Tonnen Gesamtzuggewicht möglich, zwei Maschinen hintereinander schaffen 750 Tonnen.

Die Umbauten der Schwerlastsattelzugmaschinen aus dem Hause Toni Maurer gestalten sich recht vielschichtig. Angefangen von 6x4-Sattelzugmaschinen, welche zu Vierachsern umgebaut werden bis hin zu 8x8- oder 10x4/6-Maschinen auf Basis der MAN-Fahrzeuge.

Maurer im bayerischen Türkheim arbeitet seit 1969 für MAN und hat eine breite Palette sehr spezifischer Umbauten gefertigt. Oft geht es dabei um Achskonfigurationen – so werden dreiachsige Sattelzugmaschinen zu Vierachsern umgebaut –, aber auch geänderte Fahrerhäuser. Umbauten im Bereich der Schwerlastzugmaschinen betreffen nachträgliche Umwandlungen von einfachen Achsen in Antriebsachsen, Höhenveränderungen oder Verkürzungen im Fahrgestell oder das Hinzufügen einer fünften Achse. Auch eine Erhöhung der Zuglast auf 500 Tonnen ist möglich.

Fünf Achsen, drei davon gelenkt – ein Umbau von Toni Maurer. *Foto: Maurer*

Wenn es keine geeignete Zugmaschine vom Hersteller gibt, stellt man sie eben selbst zusammen: Den Mercedes 2232 aus den frühen 1970er Jahren hat Scheuerle für seine Zwecke umgebaut. *Foto: Scheuerle*

Mercedes-Benz

Relativ spät entdeckte Mercedes-Benz den kleinen Markt der Schwerlastzugmaschinen für sich. Die Premiere gab es erst im Jahr 1984 zu feiern mit dem Typ 3850 AS (die Buchstaben stehen für Allrad und Sattelzugmaschine). Allerdings dürfte das zumindest dem flüchtigen Beobachter kaum aufgefallen sein, denn schon seit 1977 hatte der Kleinserienhersteller Titan Komponenten von Mercedes-Benz in seinen Zugmaschinen verbaut. Fahrerhaus, Allradfahrgestell und Motoren stammten bei diesen Fahrzeugen aus dem Mercedes-Regal, den Stern allerdings durften die Fahrzeuge nicht tragen, die Verantwortung hatte allein bei Titan gelegen.

Als der 3850 AS erschien, war die gesamte Baureihe schon neun Jahre auf dem Markt, seinerzeit als „Neue Generation" eingeführt und später als die Lkw-Generation mit der längsten Bauzeit in die Geschichte des Hauses eingegangen. Eine wichtige Voraussetzung für den Schwerlastzugmaschinenbau unter eigener Regie geschah schon 1980 mit dem Einstieg von Daimler-Benz in die schweizerische Firma FBW und 1982 mit der Gründung der NAW (Nutzfahrzeuggesellschaft Arbon & Wetzikon AG). Von da an bis zur Schließung Ende 2002 spielte das Werk auf der schweizerischen Seite des Bodensees im Konzern die Rolle der hauseigenen Spezialfahrzeugniederlassung.

Die zweite Voraussetzung bestand in dem 1981 eingeführten V10-Motor. Stolze 500 PS und zwei Abgasturbolader mit Ladeluftkühlung sorgten für die enorme Leistungsausbeute. Schon bei 1200/min stellt der Motor sein maximales Drehmoment von 2000 Nm zur Verfügung, ein Vorteil gerade für langsam fahrende Schwertransporte. Mit der Wandlerschaltkupplung hatte Mercedes-Benz schon Erfahrungen beim Einsatz in Militärlastwagen gemacht. Die WSK 400 aus eigener Fertigung wirkte zusammen mit einem 16-Ganggetriebe von ZF, genaugenommen ein Vierganggetriebe mit zwei Schaltgruppen für langsame und schnelle Gänge.

Der Anfang ist gemacht: Schwerlastzugmaschinen der „Neuen Generation“ und der SK-Reihe sind das erste komplette Werksangebot. *Foto: Scheuerle*

Das Fahrerhaus war schon 1984 nicht mehr das modernste und geriet Jahre später in die Kritik als zu klein und zu wenig Übersicht bietend. Dem 3850 A folgte der etwas leichtere 3250 A, beide gab es auch als Sattelzugmaschine. Zwei Jahre später erweiterte Mercedes-Benz das Programm um die Vierachser der Typen 4050 8x8 und 4850 8x8. Das zulässige Gesamtgewicht der Fahrzeuge stieg auf 41 beziehungsweise 48 Tonnen bei unveränderter Gesamtzugleistung von 220 Tonnen.

1988 schickte Mercedes-Benz seine schwere Reihe mit aufgefrischter Optik, vor allem zu erkennen an der fallenden Seitenlinie am unteren Fensterrand, ins Rennen. Und nach und nach mit neuen Motoren, von denen auch die Schwerlastzugmaschine profitierte. So gab es nun V8-Motoren mit maximal 503 PS. Allradantrieb ist nicht mehr obligatorisch, dafür aber eine Gesamtzugleistung von 250 Tonnen beim größten Typ. Kurz vor Ende der Baureihe kam der neue Euro II-Motor, ebenfalls ein V8, der nun 530 PS leistete. Als 3553 S 8x4/4 (zwei Achsen angetrieben, zwei Achsen gelenkt) trat die Schwerlastzugmaschine aus der SK-Baureihe ihre letzte Runde an.

Aufgefrischte Optik und jetzt 530 PS – der SK setzt die Reihe der Schwerlastzugmaschinen mit Stern fort. *Foto: Mercedes-Benz*

Die Schwerlastzugmaschine vervollständigt 2001 das Programm des fünf Jahre zuvor eingeführten Actros. *Foto: Broshuis*

Neue Zeiten mit dem Actros

Mit der Einführung des Actros 1996 hat sich bei Mercedes-Benz viel verändert. Ein völlig neues Lkw-Programm mit umfangreichen technischen Errungenschaften einerseits und bevorstehende gravierende Umstrukturierungen im Konzern andererseits sollten die kommenden Jahre prägen. Heiß ersehnt als Ablösung der SK-Reihe glänzt der neue schwere Mercedes bei seiner Premiere mit technischen Innovationen im gesamten Fahrzeug, hat aber auch deshalb mit Problemen zu kämpfen, die die Firma mit großer Kulanz regelt und auch technisch bald gelöst hatte. Sie betrafen vorrangig die völlig neue automatisierte Schaltung „Telligent“. Da ein komplettes Lkw-Programm niemals auf einen Schlag ausgetauscht wird, hatte eine neue Schwerlastzugmaschine mit ihren ohnehin kleinen, nur zweistelligen jährlichen Produktionszahlen allerdings noch Zeit. Nach der großen Premiere des Actros als Fernverkehrsfahrzeug auf der IAA 1996 folgten zunächst die leichteren Baureihen und dann die Baufahrzeuge, ehe erst ab 2001 auch die neue Schwerlastzugmaschine fertig war. Sie kam nun nicht mehr aus der Schweiz – das Werk Arbon am Bodensee hatte keine Perspektive mehr im seinerzeit neu geschaffenen (und 2008 wieder aufgelösten) DaimlerChrysler-Verbund.

Nach der Schließung des NAW-Werks Ende 2002 taucht ein altbekannter Name als neuer Hersteller im Auftrag von Mercedes-Benz wieder auf: Titan. Unter anderer Leitung und nach einem Neuanfang hat sich die Firma im schwäbischen Backnang niedergelassen, gewissermaßen im Umfeld der traditionsreichen Marke Kaelble. Titan ist weiterhin eine eigenständige Firma mit auch anderen Aktivitäten im Fahrzeugbereich.

Neue Motoren – jetzt maximal 609 PS – und eine frischere Optik im Actros SLT ab 2004. *Foto: Mercedes-Benz*

Bei gleicher Grundtechnik erbt der Actros SLT (Schwerlasttransporter) die neuen Motoren aus der Baureihe. Wieder sind sie in V-Anordnung konzipiert, der V8 als der größere von beiden findet im SLT Verwendung. Ziel der Motoren-Entwickler war es von Anfang an, dass die maximale Kraft schon bei niedriger Drehzahl zur Verfügung steht; eine Vorgabe wie geschaffen für den Einsatz im Schwerlasttransport. 571 PS aus 16 Litern Hubraum, die ihre volle Kraft von 2700 Nm schon bei 1080/min freigeben, das bewährte sich im Actros vom ersten Tag an für den Fernverkehr und passte nahtlos in das Konzept der Schwerlastzugmaschine. Das Motormanagement besorgt auch beim Actros SLT das neue „Telligent“ genannte Elektronik-System; für die Zusammenarbeit des Getriebes mit der Wandlerschaltkupplung muss er aber ohne elektronische Hilfe auskommen. Das Getriebe hat weiterhin 16 Vorwärtsgänge und wird vom Fahrer (im Gegensatz zu den anderen Actros-Typen) ohne elektronische Hilfe bedient. Zur Kühlung des Motors genügt der größte verfügbare Kühler aus der Serienfertigung. Der Lüfter ist so ausgelegt, dass er eine um 30 Prozent höhere Drehzahl erreicht, um ausreichend Kühlluft zu liefern, sowohl wenn dem Motor Hochleistung abgefordert wird als auch bei langsamer Fahrt.

Das Actros-Programm für den Schwertransport besteht lange Zeit aus vier Grundtypen: Dreiachser mit Hinterradantrieb oder Allradantrieb sowie Vierachser mit Antrieb über die beiden Hinterachsen oder zusätzlich eine Vorlaufachse. Bei allen Vierachsern sind vier Räder gelenkt. Begonnen wurde beim SLT mit dem 530 PS starken Motor. Im Zuge der Weiterentwicklung besteht ab 2004 die Wahlmöglichkeit zwischen zwei verschieden starken Maschinen aus derselben Reihe in Erfüllung der Abgasnorm Euro III: 537 PS und 609 PS sind die Leistungswerte des SLT im Jahre 2004, der von nun an außerdem über die neue, innen komfortablere und äußerlich aufgefrischte Actros-Kabine verfügt.

Im Duett: Arocs (links) und Actros bilden seit 2012 das Mercedes-Angebot mit weitgehend identischer Technik. *Foto: Mercedes-Benz*

Vier Jahre später bringt die Actros-Zugmaschine zusammen mit der nächsten optischen Veränderung am Fahrerhaus eine völlig neue Kraftübertragung: Ein neues Getriebe hat Einzug gehalten, eine hydrodynamische Kupplung leitet das Drehmoment bis zum maximalen Wert von 3000 Nm an die Hinterachsen weiter, der komplette Schaltvorgang erfolgt vollautomatisch. Die hydrodynamische Kupplung arbeitet ähnlich wie die Wandlerschaltkupplung, bewältigt aber nun die gesamte Fahrt statt nur den Anfahr- und Abbremsvorgang und erreicht dabei schon bei niedrigen Drehzahlen eine hohe Zugkraft. Der V8 leistet 653 PS aus 15,9 Litern Hubraum. Zwei wesentliche Weiterentwicklungen für den schweren Mercedes, die ihn zusammen mit dem aufgewerteten Megaspace-Fahrerhaus fit für die folgenden Jahre machen.

Fertigung wieder im eigenen Haus

2020 wurde die 500. Schwerlastzugmaschine aus dem Hause Mercedes-Benz ausgeliefert. Da war bereits ein neuer Fertigungsstandort eingeführt. Seit 2002, anfangs parallel zu Titan, entstehen die Fahrzeuge in Gemeinschaftsproduktion von Mercedes-Benz Special Trucks im Werk Wörth und dem zum Haus gehörenden Spezialbaubetrieb CTT (Custom Tailered Trucks). Das Basisfahrzeug wird dabei im Lkw-Werk Wörth als dreiachsige Sattelzugmaschine hergestellt, bei CTT im Werk Molsheim/Frankreich kommen die SLT-spezifischen Komponenten wie Vorlaufachse, Heckkühlturm oder Chassisverstärkungen hinzu.

Die Einführung der dritten Generation der Actros-Baureihe im Jahre 2012 – diesmal auch im Erscheinungsbild stark verändert – läutet auch das Ende des SLT von 2004 ein. Schon ein Jahr später steht der SLT Actros 4158 auf den Rädern. Und er steht nicht mehr allein, denn mit ihm betritt auch die Schwerlastzugmaschine aus der Reihe Arocs 4158 – so heißen jetzt die Baufahrzeuge der Marke – die Bühne. Beide entsprechen sich in allen Leistungsdaten, nur die Federung des Arocs ist dank der robusten Parabelfedern auf schwereres Gelände abgestimmt, um Baustelleneinsätzen gerecht zu werden. Der Actros-Bruder stützt sich auf Luftfederung. Und natürlich tragen sie als optische Unterscheidung die für die jeweilige Baureihe typischen Scheinwerfer und die Wartungsklappe. Beide sind für Zugleistungen für 250 Tonnen vorgesehen. 2014 führt der Hersteller die Turbo-Retarder-Kupplung ein, eine sehr kompakte Kombination von Strömungskupplung und Retarder in einem Gehäuse. Sie regelt nicht nur das Rangieren, sondern auch eine für die Kupplung verschleißarme Fahrt an Steigungen.

Die Parameter für den Schwerlasttransport haben sich mit den neuen Modellen nicht verändert, wohl aber die Motorisierung. Mercedes-Benz hatte vorfristig die neue Abgasnorm Euro VI eingeführt, die in kleiner Stückzahl gefertigten SLT folgten dem als letzte Modelle im Programm. Der OM 473 leistet 625 PS aus 15,6 Litern Hubraum und erlaubt ein maximales Drehmoment von 3000 Newtonmeter. Die Kraftübertragung aus dem Vorgänger arbeitet weiter, 16 Gänge stehen automatisiert zur Verfügung, die hydrodynamische Kupplung leitet das Drehmoment an die Antriebsachsen und regelt das Anfahren und Abbremsen in allen Situationen.

Ein Schritt nach Fernost

Im Herbst 2025 kündigte Daimler Trucks den Markteintritt für die Schwerlastzugmaschinen Mercedes-Benz Arocs und Mercedes-Benz Actros in Japan an. Der Mercedes-Benz Arocs in der Variante 4763 8x6 wurde dazu auf der Japan Mobility Show in Tokyo ausgestellt.

Der Mercedes-Benz Arocs 4763 8x6 ist mit dem OM 473 mit 15,6l und 625 PS (3.000 Nm) sowie einem 16-Gang PowerShift 3 Advanced Getriebe ausgestattet. Der Lkw verfügt über eine zusätzliche Kühleinheit sowie eine Sattelkupplung mit spezieller Montageplatte. In dieser Konfiguration kann das Fahrzeug bis zu 500 Tonnen ziehen.

Auch die Fahrzeughöhe wurde speziell für den japanischen Markt angepasst. Da in Japan eine maximale Höhe von 3,8 Metern vorgegeben ist, entwickelte Mercedes-Benz Trucks erstmals eine Kombination aus der ClassicSpace 2.3-Kabine mit einem kompakten zusätzlichen Kühlturm auf einem Fahrgestell mit vierter Achse.

Die Zugmaschinen vor der Verschiffung nach Japan. Auffällig die Rechtslenkung und die noch unverkleideten Aggregatetürme.
Foto: Daimler Trucks

Das spezielle Spezialfahrzeug: Arocs SLT 4463 AS 8x6 für Victor Baumann, hier im Aufbau. *Foto: Daimler Trucks*

Spezialversion des Arocs SLT

Der Arocs SLT 4463 AS 8x6, diese ganz besondere Schwerlastzugmaschine, wurde im Juli 2023 an die Schwerlastspedition Victor Baumann in Bornheim bei Bonn ausgeliefert – ein Einzelstück extremer Leistungsdaten, entsprechend dem im Kapitel zu MAN aufgeführten Exemplar. Die maximale Anhängelast ist hier auf 1000 Tonnen geklettert, bezogen auf das Zuggesamtgewicht im Verbund mehrerer gekoppelter Zugmaschinen und Tieflader. Die 1000 Tonnen sind dann gefragt, wenn der Arocs als erstes Zugfahrzeug am Tieflader angekoppelt ist, während vor ihm und am Heck weitere Zugmaschinen laufen. Eine nachgerüstete Vorlaufachse im dreiachsigen Allradfahrgestell, Schwerlastkupplungen vorn und hinten, eine zusätzliche Ballastpritsche und eine Schwerlastverschiebeeinrichtung bilden wesentliche Elemente der Spezialanfertigung. Außerdem verfügt die Spezialanfertigung über die breite Arocs-Kabine, die sonst nicht bei Allradfahrzeugen verwendet wird.

Und wenig später bei der feierlichen Übergabe im Hause Baumann. *Foto: Daimler Trucks*

Groß-Lkw und Sattelschlepper: Vielseitig einsetzbarer Mol HF 8066, vorgestellt 2018 auf der IAA in Hannover. *Foto: Matthias Röcke*

Mol

Schwertransporte abseits der Straße und auch abseits präparierter Wege sind das Aktionsfeld der schweren Mol-Zugmaschinen und Speziallastwagen aus Belgien. Der inhabergeführte Maschinenbaubetrieb im westflämischen Straten entwickelt seit 1971 Spezialfahrzeuge für den Transport schweren Geräts auf Ölfeldern, auch in der Wüste. Dabei handelt es sich meist um schwere Lkw mit Plattformen als Ladefläche. Nach dem Erwerb der Rechte des früheren französischen Herstellers Willème – da schon Teil von Perez et Raimond Paris – im Jahre 1979 gehören auch reine Zugmaschinen zum Programm. Eine weitere technische Wurzel von Mol stammt aus Deutschland. Die Belgier übernahmen das Projekt „Desert Lion" der Kaiserslauterner Fahrzeug- und Maschinenbau AG für Transporte auf Ölfeldern. Mol brachte ihn als TB 600 im Jahre 1989. Der 660 PS starke V12-Turbodiesel stammte von MWM, das Getriebe von Renk. Außenplanetenachsen sorgten für die nötige Bodenfreiheit.

Schwerlastzugmaschine von Mol bei einem Belastungstest. Die HF 5066 hat Allradantrieb. *Fotos: Mol*

2018 erregte Mol mit einem neuen Ballastschlepper für Aufsehen. Der bis heute aktuelle HF8066 imponiert schon mit seinen äußeren Maßen. Er ist mehr als vier Meter hoch und über 14 Meter lang, was ein zulässiges Gesamtgewicht von 80 Tonnen ermöglicht. Das flache Fahrgestell ist mit einer anhebbaren Sattelkupplung ausgestattet, bei einem Zuggesamtgewicht von 230 Tonnen. Ein solcher Zug schafft eine Steigung von 16 Prozent. Spezifisch für einen Ölfeld-Lkw ist die solide Frontstoßstange, der sogenannte „Kuhfänger“. Kühe kommen kaum vor im Arbeitseinsatz, er ermöglicht es aber, einen anderen Lastwagen aus dem Konvoi durch schwieriges Gelände zu schieben. Eine weitere besondere Anforderung: Der Lkw funktioniert auch bei Temperaturen von über 50°C. Der HF8066 existiert in einer Straßenversion und als Off-Road-Fahrzeug. Die bis zu 625 PS starken Motoren stammen von Cummins (X-Serie).

Mol ist vielseitig unterwegs – in der Fertigung schwerer Schüttkipper ebenso wie mit Entsorgungsfahrzeugen, Zugmaschinen für den Containerumschlag und Rangierloks. 400 Menschen sind damit befasst.

Oldtimer aus eigenem Haus: Nicolas restaurierte diesen TR 66 0Z und stellte ihn auf einem Tag der offenen Tür 2005 aus. *Foto: www.hadel.net*

Nicolas

Kabinen aus französischer Produktion für die Großserie sind das auffällige äußere Kennzeichen der Schwerlastzugmaschinen von Nicolas. So bezog man diese Komponenten früher von Berliet und nun schon seit langer Zeit von Renault Trucks. Aber auch in anderen Punkten bedient sich Nicolas verschiedener Elemente auf dem Markt: Motoren von MAN oder Caterpillar, Cummins, General Motors und Mercedes-Benz. Die Getriebe stammen meistens von Allison, Clark, Renk und ZF und auch die Achsen wurden und werden eingekauft. Beispiel einer beliebten Kombination: Eine Sechsgang-Automatik von Allison mit einem Verteiler-Getriebe von ZF. Dennoch sind die die Tractomas-Zugmaschinen – so die Typbezeichnung – eigenständige Entwicklungen. Die ganze Erfahrung von rund 80 Jahren Spezialfahrzeugbau, die sich ja auch auf Tieflader und selbstfahrende Einheiten bezieht, mündet in den großen Zugmaschinen für den oberen Bereich des Schwerlastverkehrs. So bringt der vierachsige Tractomas einschließlich Ballast 90 Tonnen Gesamtgewicht mit, um einen 250 Tonnen schwere Fuhre zu bewegen.

Eine vierachsige Zugmaschine aus derselben Zeit im Einsatz. *Foto: Gerlach Fronemann*

Die aktuellen Tractomas gibt es mit drei, vier oder fünf Achsen, sämtlich angetrieben. Der Auftritt ist wahrhaft imposant, allein in der Höhe misst die Zugmaschine bis 4,52 Meter, in der Breite 3,48 Meter. Eine solche Breite beschränkt den Einsatz auf nichtöffentliche Strecken – etwa in Industriearealen und im Bergbau. Das Leergewicht der in kleiner Zahl gefertigten Zugmaschinen erreicht 40 Tonnen, Motoren mit 1000 PS sind möglich. Großes Aufsehen erregte stets der TR 88 D 75, wahrlich eine Schwerlastzugmaschine der Superlative: Der Zwölfzylinder von Caterpillar holt 900 PS aus 27 Litern Hubraum, die Zuglast beträgt 1000 Tonnen. Und der Fahrer operiert 4,50 Meter über der Fahrbahn. Eingesetzt wird er im Schwerlastverkehr auf der Straße und in abgeschlossenen Arealen.

Seit 1995 bildet Nicolas unter gemeinsam mit Kamag und Scheuerle das Trio der Spezialisten: die Firma TII (Transporter Industry International GmbH) sitzt in Deutschland.

Tractomas TR 8x8 D 75 – eine Schwerlastzugmaschine mit Rekordwerten. *Foto: www.hadel.net*

Der Name sagt alles: Heavy Mover von Paul, vorgestellt auf der IAA 2012. *Foto: Matthias Röcke*

Paul

Paul Nutzfahrzeuge in Vilshofen in Oberbayern bezeichnet sich selbst als europäischen Marktführer im Sonderfahrzeugbau. In der Tat liest sich die Palette der Modifikationen und Eigenkonstruktionen eindrucksvoll. Rund 1000 Lkw werden im Jahr auf irgendeine Weise angepasst, abgeändert, konstruktiv umgebaut oder unter der Marke Paul selbst gebaut. Zu den Eigenkonstruktionen zählt der Heavy Mover, ein Schwertransporter für den Einsatz in Ölfeldern oder in Minen, der auf der IAA für Nutzfahrzeuge im Jahr 2012 vorgestellt wurde. Entsprechende Fahrgestelle hat Paul auch heute noch im Sortiment.

Den Heavy Mover gibt es als Sattelzugmaschine oder als Lastwagen. Charakteristisch ist das dank der großen Rädermaße hoch angesetzte Fahrgestell. Da Paul überwiegend mit und für Daimler Trucks arbeitet, stammen auch die Kabine (Arocs) und Motor (V8, 560 PS) von dort. Bei der Kraftübertragung beseht die Wahl zwischen der automatisierten Schaltung von Daimler oder einer Allison-Automatik. Das zulässige Gesamtgewicht liegt bei 80 Tonnen (ca. 50 Tonnen Nutzlast). Auch die Überbreite von 3,50 Meter deutet auf die besonderen Einsatzfelder hin.

Vorlaufachse und Nachlaufachse – ein achtachsiges Chassis von Paul für den Schwertransport. *Foto: Paul Nutzfahrzeuge*

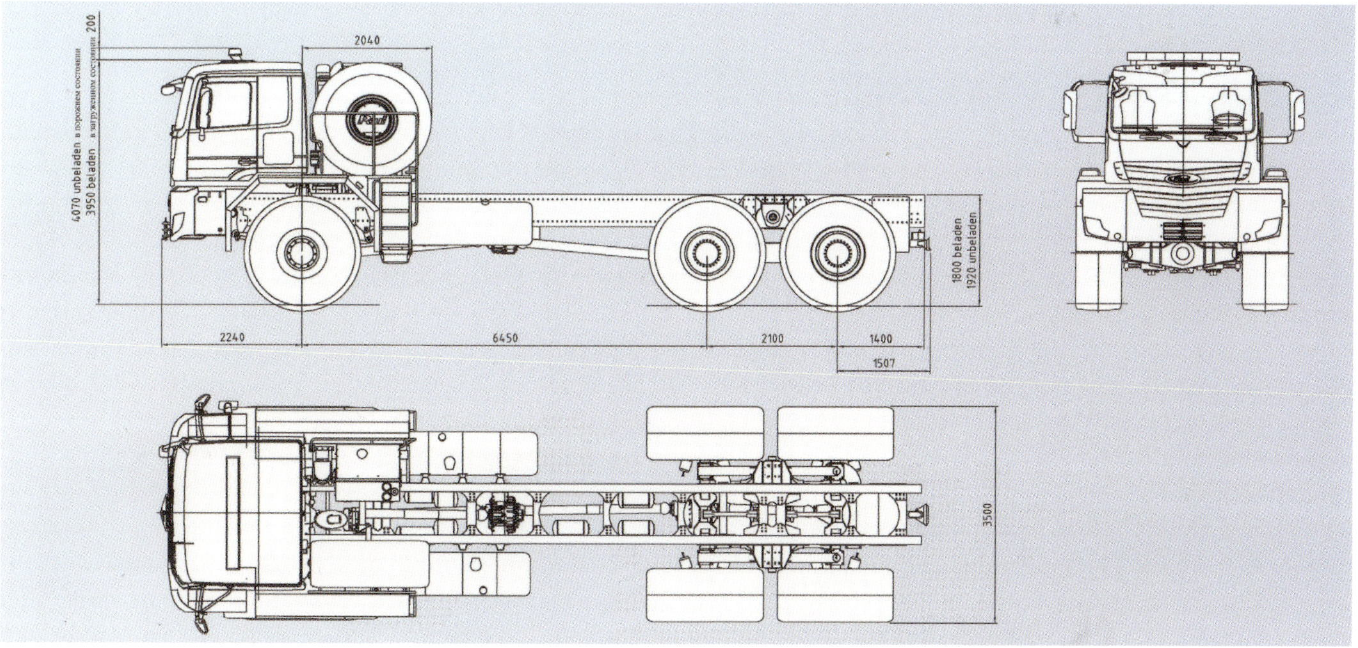

Spezialkonstruktion in Millimetern: Technische Zeichnung des Paul Heavy Mover. *Quelle: Paul Nutzfahrzeuge*

Großserientechnik von Scania und Schwerlastapplikationen von Laxa: der R 560 von 2008 im Einsatz. *Foto: Scania*

Scania

Die „Außenstelle" von Scania für Schwerlastzugmaschinen heißt Laxa Special Vehicles, ein eigenständiger, Scania schon lange verbundener Betrieb, der als verlängerte Werkbank fungiert. Wie andere Hersteller auch hatte sich Scania selbst lange auf Sattelzugmaschinen im unteren Bereich des Schwerlasttransports bis 150 Tonnen Zuggesamtgewicht beschränkt. Hier kommen ausschließlich hauseigene Motoren, Achsen und Getriebe zum Einsatz. Laxa fertigt nun für das offizielle Scania-Programm, neben speziellen Kabinen und vielachsigen Fahrgestellen, auch die großen Schwerlastzugmaschinen und versieht sie auf Wunsch mit Wandlerschaltkupplung und Getriebe (ZF), auch der integrierte Retarder gehört dazu.

Der schwere Scania aus der R-Reihe war als Dreiachser, Vierachser und als Fünfachser erhältlich, angetrieben sind in den Jahren nach 2000 die Hinterachsen, beim Fünfachser die beiden hinteren. 42 Tonnen Gesamtgewicht lässt die Zugmaschine zu. Auch in der Ausführung als Haubenfahrzeug wurde er angeboten. Der V8-Motor als stärkster im Programm von Scania hatte lange 620 PS, aktuell im Jahre 2025 sind es im neuesten Stand der Scania-Motorentwicklung 770 PS aus 16 Litern Hubraum. Dieser Wert hat Scania um das Jahr 2021 die Krone der PS-stärksten Schwerlastzugmaschine auf dem europäischen Markt eingebracht – ehe Volvo noch zehn PS drauflegte. Im der vierachsigen Ausführung des Scania sind die erste, dritte und vierte Achse angetrieben. Das automatisierte Zwölfgang-Getriebe wird durch zwei Kriechgänge ergänzt. Sie ermöglichen ein Anfahren in niedrigen Drehzahlen. Die aktuellen Scania sind in den Spitzenausführungen auf ein Zuggesamtgewicht von 250 Tonnen ausgelegt.

Eher selten als Schwerlastzugmaschine ist der Hauber von Scania. Dieser im Jahr 2007 aufgenommene T 580 E 10x4 ist mit einer Nachlaufachse versehen. *Foto: Gerlach Fronemann*

Am aktuellen Limit: 770 PS bringt der Scania R 770 V8 8x4 auf die Straße. *Foto: Scania*

Blick zurück in die 1960er Jahre. Auf dem Hof von Nooteboom steht ein Scania L 110 mit einem ausziehbaren Auflieger von Nooteboom. *Foto: Nooteboom*

Ein Blick zurück

Auch in früheren Baureihen hat es Schwerlastzugmaschinen von Scania gegeben, häufig eingesetzt im skandinavischen Raum, aber auch in den Benelux-Staaten: In der ersten Hälfte der sechziger Jahre und bis in die siebziger Jahre waren die Haubenfahrzeuge der Reihe LT 76 der LT 110 die Grundlage für umgebaute Sattelzugmaschinen. Einige gab es auch mit verlängerter, nicht serienmäßiger Kabine. Das wichtigste Einsatzfeld stellten schwere Baumaschinentransporte dar – die Last auf den Tieflader blieb auf rund 50 Tonnen beschränkt. Deutlich mehr schaffte der Scania T 143 aus den frühen neunziger Jahren, eine Spezialanfertigung aus dem Scania-Werk in Södertälje, unter anderem verkauft in den Niederlanden. Die vierachsige Sattelzugmaschine – die dritte Hinterachse als lenkbare Nachlaufachse, die zwei anderen Hinterachsen angetrieben – hatte bereits Wandlerschaltkupplung, Retarder und Luftfederung. Zwar eine Sonderanfertigung, aber ein wichtiger Schritt zur vollwertigen Schwerlastzugmaschine der heutigen Tage.

In den 1980er Jahren stand die Serie 2 nahezu exemplarisch für Scania. Hier eine Schwerlastzugmaschine aus Offenburg am Rande des Schwarzwalds beim Holztransport, aufgenommen 1987. *Foto: Gerlach Fronemann*

Erstling bei Tatra: Der Typ 141 war eine Schwerlastzugmaschine bis zu einem Zuggewicht von 100 Tonnen. *Foto: Tatra*

Tatra

Die erste lupenreine Schwerlastzugmaschine von Tatra war der Typ 141 aus dem Jahre 1955. Da gab es die tschechische Marke Tatra schon mehr als hundert Jahre, denn ihre Geschichte geht bis ins Jahr 1850 zurück. Das erste Auto folgte 1897, der erste Lastwagen zwei Jahre später – Tatra ist also einer der automobilen Pioniere. Einen Ruf als Hersteller speziell ausgelegter Nutzfahrzeuge hatte Tatra sich schon längst aufgebaut als der Typ 141 kam. Vor allem das Fahrgestell mit dem Zentralrohrrahmen des Konstrukteurs Hans Ledwinka – die Halbachsen hängen pendelnd am zentralen Rohr – prägten die Lastwagen aus Kopřivnice. Bis heute steht der Name Tatra für eine hohe Verwindungssteifigkeit – dank der beweglichen Halbachsen – und somit für gute Eigenschaften für die Fahrt im Gelände.

Für den Schwerlastverkehr hätte es diese Technik nicht unbedingt gebraucht, da die „robuste Zugmaschine für 100-t-Anhänger" (Zitat aus dem zeitgenössischen Prospekt) ja doch eher für die Straße als für schweres Gelände gedacht war. Basis des Tatra 141 war der schon 1942 vorgestellte Typ 111, der bis ca. 1959 in der Produktion blieb. Die Schwerlastzugmaschine 141 wurde 1955 vorgestellt und ab 1957 produziert. Der luftgekühlte V12-Diesel brachte 185 PS aus knapp 15 Litern Hubraum auf die Straße, das Vierganggetriebe bot eine Untersetzung für langsame Fahrt (Mindestgeschwindigkeit 2,5 km/h. Der imposante Hauber mit geräumiger Doppelkabine trug bereits die abgerundete Form der Weiterentwicklung des Typ 111. Der Tatra 141 blieb bis 1970 in Produktion, es entstanden 4981 Einheiten.*

* Michael Dünnebier, Lastwagen und Busse Osteuropas

Nachfolger Tatra 813: Trotz seines wuchtigen Auftritts liegt auch hier die Anhängelast bei nur 100 Tonnen bei 22 Tonnen Eigengewicht. Die Abbildung stammt aus einem Firmen-Wandkalender von 1975. *Foto: Tatra*

Der nicht minder eindrucksvolle Nachfolger entstand parallel zur Weiterentwicklung der erfolgreichen dreiachsigen Baureihe vom Typ 138 zum Typ 148. Der Name „Kolos" des T 813 ist Programm: ob nun als vierachsiges Chassis für Kipp- und Sonderaufbauten oder zweiachsige Sattelzugmaschine. Die militärische Nutzung stand offenbar im Hintergrund der Entwicklung – auch, aber eben nicht nur bei der Schwerlastzugmaschine. Als kantiger und großer Frontlenker trat der T 813 auf. Die Schwerlastzugmaschine hatte Raum für eine Doppelkabine stattlichen Ausmaßes, was sich auch an den hinteren Türen ablesen lässt. Sie entsprachen den vorderen und waren einfach umgekehrt montiert. Der Schwerlastwagen verfügte über drei Achsen und Allradantrieb. Ungewöhnlich war dabei die Anordnung der zwei vorderen Achsen: Diese wurden engstehend, entsprechend der Anordnung des Vierachsers für den schweren Baustellenverkehr, konzipiert.

Der V12-Dieselmotor neuer Generation leistete jetzt 270 PS aus 17.640 ccm Hubraum, das Fünfganggetriebe hatte wiederum zwei Übersetzungen. Die Zugleistung entsprach der des Vorgängers. 22 Tonnen zulässiges Gesamtgewicht brachte die Zugmaschine mit, 100 Tonnen konnte die Anhängelast betragen – basierend auf einer Leistung von 330 PS.

Auf dem Chassis der Baureihe 815: Die Schwerlastzugmaschine mit Truppkabine und Ballastpritsche. Der luftgekühlte V12-Motor leistet 350 PS aus 19 Litern Hubraum. *Foto: Tatra*

Die kommende Generation sollte alles unter einen Hut bringen. Ab 1983 gab es einen Baukasten für alle Zwecke. Der neue Frontlenker sollte, mehrfach aufgefrischt, mehr als 30 Jahre das Gesicht der Marke abgeben. Für die Maschine vom Typ TP 24 265 gab der Baukasten eine wuchtige Doppelkabine mit drei Seitenfenstern, den im Prinzip vertrauten V12-Motor und das vom T 813 bekannte 6x6-Fahrgestell her. Daher blieb es auch bei den technischen Grunddaten wie dem Zuggesamtgewicht von rund 120 Tonnen. Danach sollt es keine speziellen Schwerlastzugmaschinen von Tatra mehr geben. Der über die politische Wende in der Tschechoslowakei stark geschrumpfte Betrieb befasste sich seit 1998 gezielt mit Militärfahrzeugen und baut auch weiter schwere Allradfahrzeuge für den Bau, die Landwirtschaft, Steinbrucharbeiten, Feuerwehr und kommunale Zwecke, unter anderem mit Motoren von Cummins und Detroit-Diesel sowie Kabinen von DAF.

MAN-Kabine ohne MAN-Signet: Titan verwendet sie als eine von mehreren Komponenten für seine Schwerlastzugmaschinen – das Bild von 1995 zeigt zwei Zugmaschinen bei der Auslieferung auf dem Hof von Küpper-Weisser. *Foto: Gerlach Fronemann*

Titan

Erst 1971, lange nach der klassischen Gründerzeit im Fahrzeugbau, nahmen in der badischen Gemeinde Berghaupten zwei Männer das Wagnis auf sich, eine eigene Firma aufzubauen: Dr. Ulrich Herion und Dipl. Ing. Karl Gantzert begannen unter dem Namen Titan Fahrgestelle für Mobilkrane und komplette Knicklenker-Tieflader für den Braunkohletagebau zu fertigen. 1977 betrat die inzwischen in die Nachbarschaft nach Appenweier umgezogene Firma ein neues Geschäftsfeld: Passend zum Namen entstand die erste Schwerlastzugmaschine. Titan-Zugmaschinen bleiben von da an unter wechselnder Firmenbezeichnung und Kooperationen ein Begriff, eine Art legitimer Nachfolger von Faun und Kaelble auf diesem Gebiet.

Von Anfang an wählt Titan den Weg des Komponentenbaus. Grundlage der ersten Zugmaschine bildet die Technik von Mercedes-Benz, und zwar das modifizierte Fahrgestell eines dreiachsigen Allradkippers aus der SK-Reihe, dazu ein 420 PS starker V12-Motor und bereits die Wandlerschaltkupplung. Unter der Bezeichnung 3042 Z 6x6 (30 Tonnen Gesamtgewicht/420 PS/Zugmaschine/alle sechs Räder angetrieben) wurde das erste aus eigener Kraft rollende Straßenfahrzeug mit dem Schriftzug Titan ausgeliefert. Es war geeignet für ein Gesamtzuggewicht von 180 Tonnen.

Speziallastzug für die Vereinigten Arabischen Emirate: 1999 entsteht diese Titan-Zugmaschine, die Kabine stammt vom Mercedes SK. An der Sattelkupplung ein Tieflader von Goldhofer. *Foto: Goldhofer*

Häufig mit Mercedes-Benz, aber nicht immer – so geht es weiter im Komponentenbau bei Titan. Stärkere Motoren jenseits der 500 PS mit dem Stern und von MAN, Cummins, Deutz, MWM (Mechanische Werke Mannheim) und Caterpillar werden verwendet. Auch die Frontlenkerkabine stammt oft von MAN, in einem Falle kombiniert mit einer selbst entworfenen Haube. Dieses Modell erscheint 1983 und vereint einen Mercedes-Motor (V12, 525 PS) und die MAN-Kabine in einem Fahrzeug. Eine neue Höchstleistung bietet die Z 64.816H. Die 816 PS aus dem MWM-Turbo erbringen eine Zuglast von 300 Tonnen. Auch hier sitzt hinter der selbst entworfenen Haube eine MAN-Kabine.

Die neunziger Jahre verlaufen turbulent für Titan. Zunächst wird die Firma von Küpper-Weisser, einem renommierten Hersteller für Winterdienstgeräte im kommunalen Einsatz und auf Flughäfen, übernommen. Zu dieser Zeit umfasst das Fertigungsprogramm von Titan Schwerlastzugmaschinen mit Ballastbrücke und Anhängekupplung oder Sattelkupplung in den Fahrzeugformeln 6x4 (vier von sechs Rädern angetrieben) 6x6, 8x4, 8x6, 8x8 und 10x8. Außerdem gibt es weiterhin Sonderfahrzeuge für Industrie, Bergbau, den Kommunalsektor und das Transportwesen sowie Flug-, Ölfeld- und Kranfahrgestelle.

1994 tritt ein neuer Besitzer auf den Plan. Das Ingenieurbüro Gehringer & Luithardt übernimmt das Unternehmen und verlegt den Firmensitz – fast symbolträchtig eingedenk der da schon nicht mehr existenten und von dort stammenden Firma Kaelble – ins schwäbische Backnang. Dort firmiert die Titan Spezialfahrzeugbau GmbH für eine gewisse Zeit und baut Schwerlastzugmaschinen im Auftrag für Mercedes-Benz auf Basis des Mercedes Actros. Es handelt sich aber weiterhin um eine von Mercedes-Benz unabhängige Firma, Eigenentwicklungen im Auftrag Dritter gehören neben der Actros-Reihe zum Betätigungsfeld, wie zum Beispiel die 1999 und 2000 ausgelieferten vier schweren Zugmaschinen für die Vereinigten Arabischen Emirate. Diesmal findet die Kabine aus dem Mercedes SK Verwendung. Die lange Haube trägt gekonnt zu einem imposanten Erscheinungsbild bei, zusammen mit den großen Rädern und der wuchtigen Stoßstange. Z 72-525 H 6x6 ist die Bezeichnung dieser „Wüstenschiffe" – eine Hochleistungszugmaschine für schwierige Einsatzverhältnisse. 72 Tonnen verkraftet die Zugmaschine unmittelbar auf ihren drei Achsen bei einem Eigengewicht von 24 Tonnen, 225 Tonnen beträgt das Gesamtzuggewicht, der Sechszylinder von Cummins leistet 525 PS aus 19 Litern Hubraum.

Titan-Signet und der Stern standen lange für eine enge Kooperation. *Foto: Mercedes-Benz*

Großtransporter für die Wüste aus dem Jahr 2009: Z 80 600 F 6x6 – 80 Tonnen Gesamtgewicht und 3500 Millimeter Breite sind eine eigene Dimension. Kabine und Motor stammen von Mercedes-Benz. *Foto: www.hadel.net*

Schwerlastzugmaschine in der Auslieferung 2019: Der Titan Z60 -609F 6x6 hat einen 609 PS starken Motor von Mercedes-Benz und ein Automatikgetriebe von Allison. *Foto: www.hadel.net*

Am heutigen Firmensitz in Sulzbach/Murr wird weiterhin das breite Portfolio gefertigt, darunter zwei ganz unterschiedliche Schwerlastzugmaschinen. Zum einen ist Titan weiterhin Partner von Daimler Trucks und befasst sich mit Umbauarbeiten aller Art an deren Schwerlastzugmaschinen. Und daneben gibt es die Titan-Schwerlastzugmaschine für die ganz großen Lasten als Eigenkonstruktion.

Der Actros und Arocs SLT kann bei Titan mit von der Serie abweichenden Radständen und einer fünften Achse versehen werden, sowohl als Andockachse als auch einer vollwertigen Achse zur Erhöhung des Gesamtgewichtes. Weitere Modifikationen sind möglich, wie Traggestelle, die einen größeren Durchschwenkradius an der Sattelkupplung ermöglichen oder Hydraulikanlagen und Zusatztanks.

Für extreme Anforderungen geschaffen sind die Titan-Schwerlastzugmaschinen unter eigenem Namen. Lastzuggesamtgewichte bis zu 1000 Tonnen mit nur einem Fahrzeug und Fahrten auf besonders schwierigem Terrain sind das Feld der imposanten Zugmaschinen. Auch hier gilt der Komponentenbau, nur der spezielle Schwerlastrahmen stammt von Titan. Fahrzeuge dieser Reihe sind weltweit unterwegs von -40°C bis 55°C. Parallel zu den Schwerlastzugmaschinen baut Titan auch schwere Lastwagen mit Ladefläche für Transporte auf Ölfeldern.

Stolz prangt die 700 am Fahrerhaus – diese Variante der Schwerlastzugmaschine kam 2009. *Foto: Volvo*

Volvo

Die Schwerlastzugmaschinen von Volvo sind eingegliedert in das Programm der schwereren Zugmaschinen und somit Fahrzeuge ab Werk. Die Schwerlastvolvos gehören zu den verschiedenen Baureihen FH, wurden und werden in drei-, vier und auch fünfachsiger Ausführung (ab 2024) geliefert. Die Reihensechszylinder aus dem FH-Programm bildeten stets die Basis – auch für die Schwerlastausführungen. In den Jahren nach 2000 gab es die Ausführungen mit 500 und 540 PS und mit 540, 600 oder 700 PS. Letztere wurde 2009 eingeführt.

Eine Besonderheit war hier die Kraftübertragung: In einer speziellen Schwerlastkonfiguration wird die hauseigene automatisierte Schaltung i-Shift eingesetzt. Das Anfahren unter hoher Last ermöglichen zwei Kriechgänge, das Getriebe kommt ohne Wandlerschaltkupplung aus. Lieferbar sind die Volvo zu dieser Zeit mit einer oder zwei angetriebene Hinterachsen. Das neue Schwergewicht hat einen 16-Liter-Motor, der 440 kW/600 PS leistet und ein Drehmoment von 2800 Newtonmetern entwickelt.

Neuer Spitzenwert 780 PS. Die automatisierte Schaltung kann auch unter schweren Lasten anfahren. *Foto: Volvo*

Die aktuelle Baureihe der Volvo-Schwerlastzugmaschinen stammt vom Februar 2024. Sie umfasst drei Motoren der Baureihe D17 mit 559 PS, 700 PS und 780 PS. Damit ist der Volvo zu diesem Zeitpunkt die am stärksten motorisierte Schwerlastzugmaschine auf dem Markt. Das maximale Zuggesamtgewicht legt bei 325 Tonnen. Diesen FH gibt es sowohl mit der aerodynamisch optimierten Aero-Kabine als auch in der klassischen Fassung. Eine Besonderheit: Außer Diesel- ist auch Gasantrieb möglich. Das hauseigene automatisierte Getriebe i-Shift Volvo, angepasst an die Bedingungen des Schwerlastverkehrs, hat weiter Bestand. Die zwei Kriechgänge – auch rückwärts – machen ein Anfahren mit 0,5 km/h bis 2 km/h möglich. Sieben Achskonfigurationen bietet die Palette jetzt, nämlich 6x2, 6x4 und 6x6 sowie 8x4 und 8x6 und 10x6. Das maximale Zuggewicht liegt bei 360 Tonnen.

Schweres Maschinengespann: Vierachsiger Volvo FH16 750 hat eine großen Liebherr-Kran aufgesattelt.

Für besondere Anforderungen kommt ein Spezialist aus Deutschland ins Spiel. Bei Popp Fahrzeugbau in Nürnberg handelt es sich um eine sehr breit aufgestellte Volvo-Niederlassung, die nicht nur als Händler aktiv ist, sondern auch als Fahrzeugbauer. Alle verfügbaren Vor- und Nachlaufachsen werden bei Popp in die aus Schweden gelieferten Schwerlastzugmaschinen eingebaut. Außerdem hat Popp einen ganzen Katalog von Nachrüstungen, drei verschiedene Kupplungen (Rangierkupplung vorn zum Schleppen, Registerkupplung vorn zum Schieben im Verbund, Schwerlastkupplung hingen für Deichselträger), Schwerlasttürme hinter dem Fahrerhaus in kurzer und langer Ausführung, zusätzliche Luftbehälter für die Bremsen oder Hydraulikanschlüsse.

Achsenkonfigurationen bei Popp: Nachlaufachse für die Aufnahme eines Dolly …

… oder eine Vorlaufachse vor den angetriebenen Hinterachsen, nutzbar bei Bedarf. *Fotos: Popp*

TG 250 von Willème, hier 1984 im Einsatz beim Transporteur Trans Europ. Markenzeichen ist die sehr geräumige Kabine. *Foto: Gerlach Fronemann*

Willème

Die Schwerlastzugmaschinen der französischen Marke Willème beeindrucken bis heute, obwohl längst zu Oldtimern geworden, mit ihrem höchst imposanten Auftritt. Das liegt vorrangig an der besonders geräumigen Kabine, einer Art Truppkabine, wie sie auch bei schweren Einsatzfahrzeugen der Feuerwehr oder im Katastrophenschutz zu finden ist. Die Baureihen mit den Fahrzeugen TG 100, TG 200, TG 250 und TG 300 bildeten den Abschluss dieser Kategorie bei Willème, zuvor hatte es die Baureihe 615 als Haubenfahrzeuge gegeben.

Gegründet hat die Firma 1923 Louis Willème. Sein frühes Geschäftsmodell waren der Umbau und die Weiterverwertung von aus dem Ersten Weltkrieg übrig gebliebenen Lastwagen. Auch später suchte Willème die Kooperation mit anderen Lkw-Herstellern, so nach dem Zweiten Weltkrieg mit AEC und BMC in Großbritannien, Unic in Frankreich und mit Volvo. Das alles erwies sich allerdings als zu wenig ertragreich, 1970 schloss die Firma ihre Tore.

Aus der Zeit von Perez et Raimond: Willème TG 200 mit Motor von Cummins – ein Bild von 1995. *Foto. Gerlach Fronemann*

Die bewährte Reihe der Schwerlastzugmaschinen übernahm Perez et Raimond in Paris (PRP) und führte sie zunächst weiter. Es gab die Fahrzeuge als Dreiachser und Vierachser, mit zwei oder auch vier angetriebenen Achsen. Die neuen Eigentümer zogen eine Kleinserie von rund 40 Fahrzeugen auf. 1979 erwarb der belgische Hersteller Mol die Produktionsrechte.

Die Zugmaschinen waren auf sehr hohe Zuglasten bis 1000 Tonnen ausgelegt. Motoren von Caterpillar, Cummins, Detroit Diesel und Mercedes-Benz wurden verbaut. Beispielsweise ein V 16-Motor von Detroit Diesel mit 516 PS im Willème TG 300. Die Kraftübertragung regelte hier ein Automatikgetriebe von Clark.

Frühes Fahrzeug von BAZ: Der Typ 135 L, gebaut Mitte der 1960er Jahre, ist mit der Pipelineröhre vermutlich nicht ausgelastet. *Foto: Max Chernjavsky*

Fahrzeuge aus Russland und ehemaligen Sowjet-Staaten

BAZ

Hochgeländegängige Lkw großen Formats sowohl für militärische wie auch zivile Zwecke baut seit Mitte der 1960er Jahre Bryansk Autombile Plant in der russischen Stadt Bryansk. Dabei stand das Militär mit seinen Anforderungen an den Transport von Raketen- und anderen Waffensystemen immer im Vordergrund, eingesetzt werden die bis heute gefertigten schweren BAZ aber auch für Schwerlasttransporte auf Ölfeldern und Großbaustellen. Zusätzlich firmiert ein Lkw-Werk in St. Petersburg unter dem Markennamen BAZ. Hier werden Straßenlastwagen mit Scania-Genen gebaut – von 2011 bis 2022 hatten Scania und später auch MAN dieses Werk betrieben.

Der BAZ 135 ist ein frühes Produkt des Werks und weist auch auf dessen Ursprung als Zulieferbetrieb für die Produktion der ZIL-Lastwagen hin. Dort gab es den Raketenschlepper ZIL 135, parallel dazu baute BAZ einen abgewandelten Typ.

Erprobung oder Alltag – das Pressefoto zeigt eine KZKT 7426 im Einsatz. Links ein Ish 2125, eine Abwandlung des seinerzeit aktuellen Moskwitsch-Pkw. *Foto: Archiv Max Chernjavsky*

KZKT

Die Schwerlastzugmaschinen von KZKT (Kurganski Sawod Koljosnych Tjagatschei) haben im Panzertransport ihren Ursprung. Sie wurden Mitte der 1970er Jahre entwickelt als leistungsstärkere Varianten zu vorhandenen Fahrzeugen aus dem MAZ-Werk. Als typische Zugmaschine waren sie auch für den zivilen Schwertransport vorgesehen. Der Typ 7426 hatte – für sowjetische Lastwagen ungewöhnlich – bereits Dieselmotoren. Diese stammten aus dem Panzerbau. An Platz mangelte es in den Schleppern nicht, das vierachsige Allradfahrgestell konnte nicht nur eine geräumige Kabine mit zwei Sitzreihen, sondern auch reichlich Aggregate und Ballast aufnehmen. Unklar ist, ob bereits diese Zugmaschine in Serie gegangen ist oder erst die Folgegeneration ab 1978. Zugmaschinen von KZKT gab es bis 2011.

Sattelzugmaschine KRAZ 255 mit Allradantrieb und dem passenden Tieflader: Dieses Gespann ist bedeutender Teil der Oldtimerszene in Russland. *Foto: Max Chernjavsky*

KRAZ

Schwerlastzugmaschinen waren und sind nicht die ausgewiesene Spezialität von KRAZ aus der Ukraine. Der Hersteller aus Krementschuk ist aber bekannt für seine schweren und robusten Baustellenfahrzeuge. Schon relativ früh, zu Zeiten der Sowjetunion, waren die Ukrainer aktiv und hatten mit der Baureihe 214 bis 221 – später 258 – ab dem Jahr 1957 dreiachsige Lastwagen im Programm. Die Fertigung war um diese Zeit von Russland in die Ukraine verlegt worden. Kraz war in den sozialistischen Staaten weit verbreitet, auch in der DDR. Die Dreiachser verfügten entweder über Allradantrieb oder nur zwei angetriebene Hinterachsen. Im Gegensatz zu anderen Lkw aus der Sowjetunion bekamen die Kraz schon früh Dieselmotoren, zugeliefert von Motorenbauer Jamz – zuletzt wassergekühlte V8-Motoren mit 240 PS aus 14,9 Litern Hubraum. Im Schwerlastverkehr wurden sie im unteren Segment bis 100 Tonnen Zuggesamtgewicht eingesetzt. Besondere technische Ausstattungen waren dafür nicht nötig, meist genügten dreiachsige Sattelzugmaschinen. Sie erhielten gegenüber der Serienversion lediglich eine andere Untersetzung des Fünfganggetriebes, manche auch statt der Sattelkupplung eine Anhängerkupplung und eine Doppelkabine.

Schon seit den 1970er Jahren gibt es die im Prinzip heute noch gebaute Reihe 250/260, erkennbar an der moderneren Kabine. Von ihr gibt es ebenfalls dreiachsige Sattelzugmaschinen, die im Bereich bis 100 Tonnen Zuggesamtgewicht eingesetzt werden.

Maschinentransport in sibirischer Kälte: Der KAMAZ 65225 war ursprünglich ein Kipper, der an spezielle Transportbedürfnisse angepasst wurde. *Foto: Max Chernjavsky*

KAMAZ

So vielfältig die Programme des russischen Herstellers KAMAZ im Laufe der Produktionszeit seit 1976 auch waren, eine Schwerlastzugmaschine gehörte nie dazu. Und auch der hier abgebildete KAMAZ ist eher ein Produkt der Improvisation. Er steht auf einem Kipperfahrgestell und wurde an die Bedürfnisse kleinerer Sondertransporte angepasst. Es handelt sich um den Typ 65 225 aus der 2016 eingeführten Serie. Für sie wurden Motoren von Mercedes-Benz und Getriebe von ZF verwendet. Zu dieser Zeit gab es eine Beteiligung der Daimler AG an KAMAZ, die mit den Sanktionen gegen Russland als Folge des russischen Kriegs gegen die Ukraine ab 2022 wieder abgegeben wurde. Das dreiachsige Fahrgestell hat Allradantrieb und stammt im Prinzip von 1981. Die von Anfang an vertraute, kantig geformte Kabine ist im Dach und in der Frontgestaltung modernisiert.

Als das Werk in der Nähe des Kama-Stausees neu war, beeindruckte es die Nutzfahrzeugwelt mit seiner schieren Größe und seiner extrem hohen Produktionstiefe von 90 Prozent. 1976 war es nach fünfjähriger Bauzeit fertiggestellt. Moderne Maschinenausstattung, auch von Lieferanten aus westlichen Ländern, prägten die Abläufe. Maximal 120.000 Menschen bauten im Jahr bis zu 150.000 Lastwagen und noch mehr Motoren. Der Hersteller ist auch heute noch aktiv.

Startbereit mit schwerer Raupe auf dem Tieflader: MZKT 7429 bei einer Testfahrt in Turkmenistan. *Foto: Max Chernjavsky*

MAZ

Schwerlastzugmaschinen gehörten schon früh zu den Genen des im weißrussischen Minsk beheimateten Herstellers MAZ, vorwiegend im militärischen Bereich. Die Typen MAZ 535, 537 und 543 dienten als Zugfahrzeuge im Panzertransport und als Träger für Raketen. Auch nach dem Ende der Sowjetunion 1990 existierte die Produktion der Schwerlastfahrzeuge von MAZ neben der von Straßenlastwagen üblicher Größe weiter. Sie firmiert unter der Abkürzung MZKT oder auch unter dem Markennamen Volat.

Die Produktpalette ist seitdem auch auf zivile Einsatzzwecke ausgerichtet. So die 8x8-Zugmaschine Typ 7429 in den ersten Jahren nach 2000. Sie hat einen 470 PS starken Dieselmotor und ein Neunganggetriebe, zugeschnitten auf ein Zuggesamtgewicht von 88 Tonnen bei einer Nutzlast von 49 Tonnen. Praktischerweise wird der passende Auflieger im selben Hause gefertigt. Auffällig sind die kleineren Räder an den zwei hinteren Antriebsachsen. Die hoch angesetzte Kabine stammt von der Fernverkehrsausführung der MAZ und war schon 1985 eingeführt worden. Die 2016 vorgestellte Sattelzugmaschine der Serie 75 (750440) hat die Nachfolge angetreten, konzipiert für den Transport bis 73 Tonnen Zuggesamtgewicht, ausgestattet mit einem Reihensechszylinder von Paccar. Im Programm für 2025 findet sie sich nicht mehr, dafür aber das sechsachsige Fahrgestell T-700300-011 mit der bekannten, nun tiefer angebrachten Kabine. Es ist weniger auf Auflieger oder Anhänger abgestimmt als auf das Transportieren langer Ladung auf dem Chassis.

Es geht auch einfach: Ein MAZ, ursprünglich ein Kipperfahrgestell, beim Baumaschinentransport in Sibirien. *Foto: Max Chernjavsky*

Neuheit 2016: Schwerlastzugmaschine von MZKT mit Motor von Paccar. *Foto: MZKT*

Die Mischung macht's ...
Wenn es an geeigneten Fahrzeugen für einen Schwertransport mangelt, nimmt man, was man hat. Dieser Transport zweier Reaktoren in Weißrussland zeigt eine sehr spezielle Mischung von Zugfahrzeugen. Vorn fährt ein Großtraktor Kirovets K-700-A, weit verbreitet schon in der Sowjetunion. Auf Platz zwei müht sich ein schwerer Dreiachskipper von MKZT (Volat) vor einem Mercedes-Benz Titan, der schon etwas in die Jahre gekommen ist. Und ganz nah am ersten Tieflader steht ein dreiachsiger Tatra 815. Ungewöhnlich ist auch die Verbindung zwischen den Fahrzeugen: Es müssen Drahtseile reichen, um den Transport über die offenbar kurzfristig asphaltierten Wege zu ziehen.
Foto: Max Chernjavsky

Vom Umgang mit Hindernissen
Enge Kurven, Kreisverkehre, Steigungen – solche Schwierigkeiten einer Transportstrecke sind fast alltäglich und ihre Bewältigung nötigt jeden Respekt gegenüber den Akteuren ab. Oft sind es aber auch die eher unscheinbaren und kleinen Hindernisse wie Verkehrsschilder, Ampelanlagen, hervorstehende Gebäudeteile oder eben der Fahrdraht der Eisenbahn, die einen Transport aufhalten können. Dieses Foto aus Russland zeigt das konzentrierte Vorgehen vieler Beteiligter bei der Bewältigung eines Bahnübergangs. Gleich drei Turmwagenbesatzungen der russischen Eisenbahn sichern die Überfahrt der offenbar serienmäßig mit einer Ballastbrücke versehenen Sattelzugmaschine von MAN und dem Tieflader mit acht Achslinien ab. *Foto: Max Chernjavsky*

Eine seltene Kombination: Diesen Freightliner Classic aus den 1990er Jahren hat es nach Russland verschlagen. Auf dem Tieflader ein fabrikneuer Traktor K7 von Kirovets. *Foto: Max Chernyavsky*

Fahrzeuge aus den USA

Freightliner

Es ist noch nicht allzu lange her, dass die Freightliner-Trucks aus den USA die klassisch-kantige Linie trugen. Noch 1993 erschien der Typ Classic XL und blieb bis um das Jahr 2010 im Programm. Inzwischen stellen sich die Freightliner – seit 1981 der Daimler-Benz AG beziehungsweise Daimler Trucks zugehörig – deutlich moderner im Erscheinungsbild auf und bieten zudem ein komplettes Nutzfahrzeugprogramm aller Gewichtsklassen. Im Schwerlastverkehr war die 1939 gegründete Firma nicht explizit vertreten, der untere Bereich bis rund 80 Tonnen Zuggesamtgewicht kam aber stets in Frage. So noch Mitte der 2010er Jahre der Coronada SD als Dreiachser mit zwei angetriebenen Hinterachsen und einem 600 PS -Motor von Cummins. Freightliner ist heute nach Stückzahlen der größte Lkw-Hersteller im Daimler-Konzern und zudem Marktführer in den USA.

Ein Mack der R-Serie beim Transport eines nicht genau identifizierbaren Aggregats, gelagert auf einem Tieflader von Goldhofer. *Foto Goldhofer*

Mack

Auf den Highways in den USA sind die Zugmaschinen von Mack ein vertrauter Anblick, der Markenname gilt sogar als Synonym für den typischen US-Truck. Da stört es wenig, dass Mack seit 2001 zu Volvo gehört. Auf die typisch amerikanischen Produkte hat das zumindest äußerlich keinen Einfluss. Allerdings spielt das einstige Alleinstellungsmerkmal, einen Antriebsstrang eigener Entwicklung vorzuhalten, heute keine Rolle mehr.

Im Gegensatz zu Tiefladern und Schwerlastmodulen aus Europa haben es Schwerlastzugmaschinen von dort kaum in die US-amerikanische Transportszene geschafft. Die bedient sich in der Regel lieber bei den stärksten Versionen der vertrauten Trucks. Zwar hat Mack keine Fahrzeuge speziell für den Schwerlastverkehr gebaut, die Zugmaschinen der F-Serie von 1962 bis 1981 und der R-Serie (1966–2005) sind aber vielfach bei Spezialtransporten, auch mit höheren Tonnagen, gelaufen.

Bei der R-Serie hat es in ihrer langen Bauzeit zahlreiche Entwicklungsstufen gegeben. Hier war zeitweilig auch die Konfiguration als Vierachser möglich. Bis 322 PS leisteten die Motoren für die F-Serie, bis 440 PS für die R-Serie. Wer wollte, konnte Motor und Schaltgetriebe von Mack ordern, für den Schwerlastverkehr gab es als Alternative eine Allison-Automatik. Motoren von Cummins oder Detroit Diesel waren ebenfalls lieferbar.

Dreifachtraktion: Die Macks der Baureihen R (vorn) und F haben es mit einer Ladung im dreistelligen Tonnenbereich zu tun, 20 Modulachsen von Goldhofer sind zusammengestellt. *Foto: Goldhofer*

Oshkosh M911 in zivilem Einsatz: Dieser Schwertransport lief 1995 über die Straßen von Brasilien. *Foto: Gerlach Fronemann*

Oshkosh

Der Name Oshkosh steht für schwere Spezialfahrzeuge aus den USA. Für den zivilen und für den militärischen Sektor produziert die schon 1917 gegründete Firma im Staat Wisconsin Schwerlastzugmaschinen, aber auch spezielle Transporter der leichteren Kategorie oder Kommunalfahrzeuge.

Seine Schwerlastzugmaschinen bezeichnet Oshkosh als Heavy Equipment Transporter (HET). Die erste HET-Maschine kam 1976 mit dem vierachsigen M 911. Vorrangig das US-Militär orderte das Fahrzeug – es ging anfangs um 1000 komplette Schwerlastzüge inklusive Auflieger. Der M 911 wurde aber auch zivil eingesetzt. Das Zuggesamtgewicht von 87,15 Tonnen erlaubte eine Nutzlast von 66,95 Tonnen, der V8-Motor von Caterpillar leistete 435 PS aus 12.060 ccm Hubraum.

Den nächsten großen Schritt im HET-Programm machte 1995 der HET A1, bis heute in ähnlicher Form gebaut. Seine Daten: Das Zuggesamtgewicht ist jetzt auf 110 Tonnen gestiegen (90 Tonnen Nutzlast), der Caterpillar-Motor hat 700 PS, die Kraftübertragung läuft über eine Allison-Automatik. Der große Auftraggeber, die US-Army, sorgte für stattliche Stückzahlen – seit 1975 wurden rund 65.000 Einheiten gefertigt. Die weltweiten Aktivitäten von Oshkosh bringen es mit sich, dass auch in Europa Aufträge ankommen. So erhielt Broshuis in Belgien im Jahr 2021 den Zuschlag für die Lieferung von 557 Aufliegern des speziell abgewandelten Typs Medium Equipment Trailer (MET) – die Fertigstellung wird bei einem Gesamtvolumen von 341,2 Millionen Dollar bis 2031 dauern.

Oshkosh HET A1, das Standardfahrzeug der US-Armee für den Panzertransport. Hier mit einem von Broshuis in Belgien gefertigten Tieflader. *Foto: Broshuis*

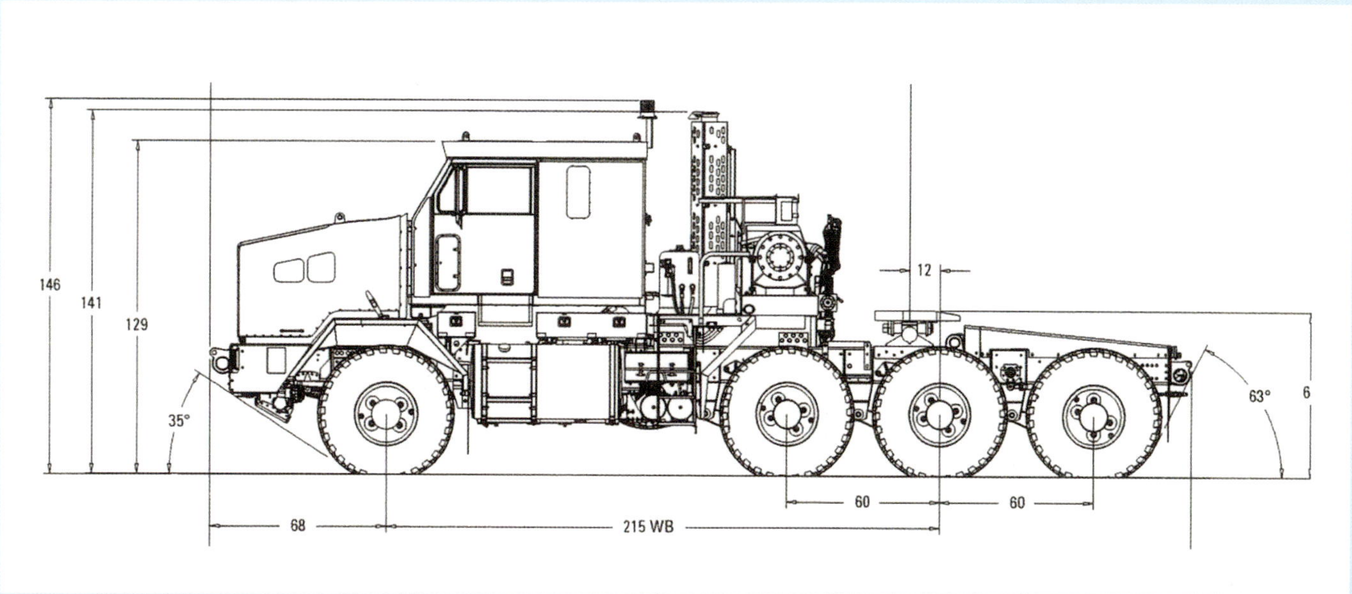

Der HET A1 als Maßzeichnung aus dem Prospekt. Die Werte in cm ergeben sich aus der Multiplikation mit den angegebenen Zahlen um den Faktor 2,54.

Schwere Last in Kanada: Am Western Star 6900 ist die Modulkombination HTHP/HL von Goldhofer angehängt für einen Kesseltransport.
Foto: Goldhofer

Western Star

Die bei Truckern in den Vereinigten Staaten sehr beliebte Marke Western Star hat eine eher kurze, aber bewegte Geschichte hinter sich. Erst 1967 von der White Motor Company eingeführt, verlor letztere 1980 ihre Selbständigkeit und wurde von Volvo übernommen. Western Star wurde ausgegliedert, wuchs danach kräftig durch Zukäufe, musste aber im Jahr 2000 aufgeben. Daimler Truck North America übernahm im Jahr 2000 Western Star und führt die Marke seitdem zusammen mit Freightliner.

Die bekannteste Ableitung der Serienlastwagen ganz im Stil der klassischen amerikanischen Trucks sind die Typen 4900 und 6900. In der Fassung XD (Extrem Duty) wurden sie jeweils für den Schwerlasttransport konfiguriert, in anderen Versionen für den Geländeeinsatz im Baustellenverkehr. Sie sind unterwegs im Transportbereich bis 250 Tonnen Zuggesamtgewicht. Zuletzt gab es die von 2015 bis 2022 gebaute Reihe mit zwei Motorisierungen – von Detroit Diesel (400 PS bis 600 PS) und von Cummins, gekoppelt mit einer Allison Automatik. Es gab sie drei- und vierachsig. Alternativ zur Zugmaschine wurden auch lange Fahrgestelle für den Schwertransport angeboten.

Western Star 4900 XD unterwegs mit einer großen Kiste auf dem Highway. Der Tieflader stammt von Goldhofer. *Foto: Goldhofer*

Dreifachgespann in stattlicher Länge: Ohne Schiebehilfe geht es offenbar nicht. *Foto: Goldhofer*

V8
MAN
Y-270 683

03 MILITÄRISCHE FAHRZEUGE

Faun L 912 SA mit Sattelauflieger von Blumhardt – 109 Einheiten von dieser Kombination wurden 1959 beschafft. *Foto: Archiv Scheuerle*

Bundeswehr

Im Mittelpunkt der Schwertransporte bei der deutschen Bundeswehr stehen die Panzer. Havarierte Kettenfahrzeuge mit Eigengewichten von bis zu 70 Tonnen zur Instandsetzung und zurück zum Einsatz zu bringen, ist die Aufgabe einer logistischen Einheit. Wobei die vom Militär-Lastwagen abgeleiteten Schwerlastzugmaschinen in Kombination mit einem Tieflader im schweren Gelände kaum etwas ausrichten können. Aufgrund seiner hohen Masse und den großen Abmessungen ist dieses System auf tragfähige Straßen und Wendemöglichkeiten angewiesen. Also muss im Gelände der Bergepanzer ran und den manövrierunfähigen Panzer mindestens bis zu einem Schotterweg oder einem befestigten Waldweg bringen – sofern die Witterungsbedingungen es zulassen. Dort wartet dann der SLT Elefant 2, die aktuelle Schwerlastzugmaschine der Bundeswehr mit ihrem Auflieger. Die allerletzten Meter vom unbefestigten auf mehr oder weniger befestigtes Gelände bewältigt der Elefant 2 allein. Er hat dafür eine Bergeschere, um nahezu alle Arten von Schadfahrzeugen aus widrigem Gelände zu schleppen.

Grundsätzlich beginnen solche Schwerlasttransporte mit einer Transportanforderung durch den Bedarfsträger, zum Beispiel eine Panzergrenadierkompanie, die ein ausgefallenes Fahrzeug der Instandsetzungseinrichtung zuführen möchte. Eine logistische Einheit mit spezialisierten Kräften führt den Transport dann durch.

Der Faun L 1212 50 VSA unterwegs mit Ballasteinheiten auf einem Tieflader von Scheuerle. *Foto: Archiv Scheuerle*

Historie

Noch bevor die heimische Nutzfahrzeugindustrie in der Lage war, die 1955 gegründete westdeutsche Bundeswehr mit Schwerlastzugmaschinen vorrangig für den Panzertransport zu versorgen, deckte eine Lieferung von Fahrzeugen aus Beständen der US-Army den ersten Bedarf. 20 Zugmaschinen der Marke Diamond T vom Typ 980 wurden ab 1956 als Erstausstattung aus US-Beständen bezogen. Bekannt waren sie noch vom Einzug der US-Truppen in Deutschland 1945 zum Ende des Zweiten Weltkriegs. Unter der langen, kantigen Haube arbeitete ein Dieselmotor des amerikanischen Herstellers Hercules, ein Reihensechszylinder mit 201 PS aus 14,7 Litern Hubraum. Das Getriebe war besonders niedrig untersetzt. Die Zugmaschine hatte zwei angetriebene Hinterachsen und war ausgelegt auf einen Tiefladeanhänger mit einer Nutzlast von 45 Tonnen. Derartige Fahrzeuge hatten zuvor bereits eine wichtige Rolle im zivilen Schwertransport gespielt, denn in den unmittelbaren Nachkriegsjahren galt hier ebenso: Was der Markt an Neuwagen nicht hergab, mussten Gebrauchtfahrzeuge ersetzen und die hatte keine Stelle so reichlich wie die US-amerikanische Armee.

Wie im zivilen Sektor schon einige Jahre zuvor, schlug etwa ab 1959 auch im militärischen Bereich die Stunde der einheimischen Hersteller, hier vorrangig die von Faun. Die Firma konnte aus ihren Erfahrungen aus dem Straßentransport schöpfen und hatte 1953 mit dem L8 Z die erste Neukonstruktion bei den Schwerlastzugmaschinen eingeführt. Die Bundeswehrausführungen L 908 und L 912 gab es in einer schweren und einer leichten Variante. Die schwere hatte ein Frontlenkerfahrerhaus und eine Truppkabine. Sie war mit einem 50-Tonnen-Sattelauflieger kombiniert. Die leichtere trug ein einfaches Fahrerhaus hinter der langen, abgekanteten Haube. Die Auflieger hier konnten 25 Tonnen aufnehmen – sie stammten sämtlich vom Hersteller Blumhardt. Im Typ 908 arbeitete ein Sechszylinder (178 PS aus 12,6 Litern Hubraum), im Typ 612 ein Zwölfzylinder (300 PS aus 16 Litern Hubraum), beide in V-Form ausgeführt. Das Getriebe hatte sechs Vorwärtsgänge und die Geländeuntersetzung. Kombiniert waren auch diese Faun-Zugmaschinen mit Aufliegern von Blumhardt, ausgelegt für 50 Tonnen Nutzlast. 36 schwere Kombinationen wurden beschafft, 348 von der leichteren.

Der Elefant von Faun, gekoppelt mit einem Sattelauflieger für 50 Tonnen Nutzlast. *Foto: Ulrich Wrede*

Zweite Generation ab 1976

Als der Faun SLT ab 1976 als zweite Generation nach und nach in Dienst gestellt wurde, hatte er eine längere Vorgeschichte hinter sich. Schon zehn Jahre vorher nämlich war der längst etablierte Bundeswehr-Lieferant in die Entwicklung einer Schwerlastzugmaschine für 70 Tonnen Nutzlast eingebunden. Ziel der Entwicklung der US-Army und der Bundeswehr war eigentlich ein 70 Tonnen schwerer Kampfpanzer. Und davor gab es einen einzelnen Prototyp einer vierachsigen Schwerlastzugmaschine mit Allradantrieb, gewissermaßen ein Vorläufer des Vorläufers. Das Gemeinschaftsprojekt platzte und damit auch das des dazugehörigen Transportzugs. Vom Schwerlasttransporter HET 70 entstanden nur fünf Prototypen.

Diese Vorarbeiten flossen aber ein in den SLT 50-2 Elefant (eingesetzt ab 1976) und den SLT 56 Franziska (ab 1986). Es handelte sich um vierachsige Allradfahrzeuge als Sattelzugmaschinen vor Tiefladern, die über einen Schwanenhals mit dem Zugfahrzeug verbunden waren. Die Nutzlast lag bei 52 Tonnen (Auflieger mit vier Achsen) beziehungsweise 56 Tonnen (sechs Achsen). Während der Elefant auf hohe Geländegängigkeit ausgerichtet war, handelte es sich beim SLT 56 Franziska um eine nichtgeländegängige Konstruktion in der Antriebsformel 8x6 für den Panzertransport auf asphaltierten Straßen. Der Elefant bekam Motoren von MTU/Mercedes-Benz (Achtzylinder mit 730 PS aus 29.920 ccm Hubraum) oder Klöckner-Humboldt-Deutz

Die Rückwärtsfahrt in der Kurve zeigt, wie die Lenkung des Aufliegers arbeitet. *Foto: Ulrich Wrede*

(Zwölfzylinder mit 735 PS aus 21.600 ccm Hubraum) sowie ein vierstufiges Automatikgetriebe von ZF. Bei Franziska war es ein Deutz-Motor und ein 16-Ganggetriebe von ZF. Diese Zugmaschine blieben rund 30 Jahre aktuell, ebenso die von Kässbohrer stammenden Auflieger. Die Frontlenkerkabinen im Stil der 1976 eingeführten KAT I-Lkw saßen vor den Plattformrahmen, dort war reichlich Platz für den Motor. All das lief noch unter der Ägide von Faun, bis 1999 wurden die Fahrzeuge im Werk an neue Anforderungen angepasst und für weitere Jahre fit gemacht.

Die zweite Generation der Schwerlasttransporter (SLT) trat 2012 auf den Plan, die Ära Faun war beendet, der Elefant 2 stammte von MAN. 2019 erhielt das 2010 ins Leben gerufene Jointventure-Unternehmen Rheinmetall MAN Military Vehicles (RMMV) eine Bestellung über 137 Fahrzeuge, zu liefern bis 2026. Diese SLT 2 können bei einem Zuggesamtgewicht von 130 Tonnen 70 Tonnen aufnehmen. Die Basis bildete der Lkw HX81 (680 PS aus 16.200 ccm Hubraum, automatisiertes 12-Gang-Getriebe von ZF). Zum Bergen von Fahrzeugen stehen zwei 20-Tonnen-Winden bereit, zum Selbstbergen eine Winde mit acht Tonnen Maximallast. Die Tiefladesattelauflieger stammen von Doll. Sie sind versehen mit einem hydraulisch verstellbaren Fahrwerk und sieben starren Pendelachsen pro Achslinie.

Für den reinen Straßentransport setzt die Bundeswehr Scania-Schwerlastzugmaschinen vom Typ R 650 ein, kombiniert ebenfalls mit Sattelaufliegern von Doll.

Der bei der Bundeswehr aktuelle Elefant 2, beladen mit dem Panzer Leopard 2 A7V – aufgenommen 2024 in Bad Frankenhausen. *Foto: Ulrich Wrede*

Schwerlastzugmaschine Elefant 2 der Bundeswehr – die Hälfte der Fläche hinter dem Fahrerhaus nehmen Aggregate ein. *Foto: Rheinmetall AG*

Schwerlasttransporter Elefant 2 bringt im Rahmen einer Übung in Litauen ein gepanzertes Transport-Kettenfahrzeug (GTK) vom Typ Boxer an seine Position. *Foto: Bundeswehr/Marco Dorow*

In flotter Fahrt zur Aufnahme der Ladung: Elefant 2 bei einer Vorführung 2024. *Foto: Ulrich Wrede*

DAF-Schwerlastzugmaschine mit Tatra-Technik
Niederländische Kombination: Die belgische Armee erhielt 22 Schwerlastzugmaschinen DAF CF Military 8x8 zusammen mit dreiachsigen, teleskopierbaren Flachbett-Aufliegern von Broshuis. Die vierachsigen DAF haben einen 12,9-Liter-Motor mit 460 PS (340 kW). In dem DAF aus Eindhoven steckt auch Technik aus Tschechien, der Kooperationspartner Tatra hat nicht nur die gepanzerten Fahrerhäuser geliefert, sondern auch die für Tatra typische Fahrgestellkonstruktion mit einem zentralen Lastrohr und Einzelradaufhängung. *Foto: DAF Trucks*

Der vierachsige MAN mit Allradantrieb und Singlebereifung aus der Schwerlastproduktion des MAN-Werks in Wien ist nicht weit entfernt vom militärischen Spezialschwerlasttransporter – solange es nicht um sehr hohe Lasten, sondern nur um Geländegängigkeit geht. Aufgesattelt ist ein Auflieger von Nooteboom. *Foto: MAN Archiv Wien*

Straßenfahrzeug für Panzertransport
Auch das ist Alltag bei Panzertransporten: Für zahlreiche Aufgaben sind keine Spezialanfertigungen notwendig. Solange die Transporte auf der Straße stattfinden, genügen Fahrzeuge aus der Serie wie sie auch im zivilen Schwertransport eingesetzt werden. Oben ein Foto von 2006. Es zeigt eine Schwerlastzugmaschine des Mercedes-Benz Actros aus der ersten Serie mit 530 PS bei einer Vorführfahrt, beladen mit einem Leopard 2A6, Eigengewicht: 62 Tonnen. Auf dem unteren Bild demonstriert ein vierachsiger Actros mit Allradantrieb seine Fähigkeiten beim Panzertransport in der Wüste, zunächst noch unbeladen. *Fotos: Daimler Trucks (2)*

nnungstechnik
Goldhofer
Goldhofer

04 TIEFLADER UND PLATTFORMWAGEN

Die Technik

Das ist einmalig in der Transporttechnik: Die Entwicklungen der hochspezialisierten Hersteller von Tiefladern und Schwerlastmodulen erreichen mit ihren Neuerungen nicht nur eine bessere Transportleistung und gegebenenfalls mehr Gewinn für die Betreiberfirma, sondern auch gravierende Fortschritte in Produktionsabläufen bei den Herstellern des Transportgutes. Höhere Nutzlast oder die Bewältigung schwieriger, bislang unpassierbarer Streckenabschnitte erlauben größere Einheiten, die Möglichkeit zum Transport großer Schiffselemente dank neuer Schwerlastmodule hat den Schiffbau wesentlich vereinfacht. Hier ist Transporttechnik auf höchstem Niveau gefragt. Die gezogenen und die selbstfahrenden Einheiten stehen den Schwerlastzugmaschinen an technischem Aufwand in Nichts nach, sind im Detail sogar raffinierter und noch ausgeklügelter. Sie haben eine definierte Last nicht einfach nur zu tragen, sondern sie auch sicher durch enge Kurven zu bringen, vielleicht bei ungünstig hohem Schwerpunkt. Es sind Kuppen zu überfahren, ohne dass der lange Tieflader in der Mitte aufsetzt. Die wertvolle Fracht soll mit angemessener Vorsicht bewegt werden und das Fahrzeug muss stets sicher abzubremsen sein.

Tiefladeanhänger und -auflieger mit starrem Fahrgestell

Ihre Kunst beginnen die Fahrzeughersteller – gemessen an den Kategorien technischer Höchstleistungen – ganz unten mit Tiefladeanhängern für den Transport von Baumaschinen, Fertigteilen für die Bauwirtschaft und allgemeinen Gütern. Solche Fuhren dürfen in der Regel ohne Sondergenehmigung auf die Straße. Bis zu 80 Tonnen schwere Ladungen können sie in der tief angeordneten, verschiedenartig gestaltbaren Fläche zwischen Hinterachsaggregat und dem Schwanenhals, der Verbindung zur Sattelkupplung des Zugfahrzeugs, aufnehmen. Die Ladung besteht meist aus selbstfahrenden Maschinen, die entweder seitlich auffahren oder eben hinten – in diesem Falle sind die Hinterachsen dank Rampen und eines gekröpften Fahrgestells überfahrbar. Es gibt sie in durchgehender Plattform mit niedrig bauender Vorderachse, auch mit seitlichen Radmulden, um die Räder großer Radlader aufzunehmen. Als Tiefbett-Anhänger verfügen manche Typen über einen liftbaren Teil der Ladefläche. Zum Beladen lässt sich zudem die hintere Achse einfach abkuppeln.

Auf dieser Stufe des Schwertransports arbeiten viele Anwender im eigenen Auftrag, die Schwertransportspezialisten sind hier oft nicht nötig. Das heißt nicht, dass diese Anhänger und Sattelauflieger einfache Produkte sind. Querträger in engem Abstand bilden eine solide Grundlage für die Ladung und zeugen von robuster Bauweise, Achslastausgleich bei Doppelachsen (die Blattfedern arbeiten abhängig voneinander) oder Luftfederung erleichtern die Fahrt.

Wer auf die Ladehöhe keine Rücksicht nehmen muss, ordert einen Tiefladeanhänger mit durchgehender Ladefläche. Bis zu fünf Achsen können eingebaut werden, was eine maximale Nutzlast von 80 Tonnen ermöglicht. Grenzen setzen dieser kleinsten Klasse der Tieflader die Traglast der kleinen Gummireifen und die eingeschränkte Lenkfähigkeit der an starren Achsen befestigten Räder. Und die Tatsache, dass sie gewissermaßen aus einem Stück sind, nicht verlängerbar und nicht in Teilen wechselbar wie die größeren Einheiten.

Starrer Tiefladeanhänger mit Tiefbett für den Maschinentransport. *Foto: Goldhofer*

Ein-, zwei- oder dreifach ausziehbar sind in der Regel die teleskopierbaren Tieflader. *Foto: Goldhofer*

Sattelauflieger mit teleskopierbarer Ladefläche

Diese speziellen Sattelauflieger unterscheiden sich von den Tiefladeanhängern und den von ihnen abgeleiteten einfachen Aufliegern in der auf Wunsch lieferbaren Teleskopierbarkeit der Ladefläche und den sich daraus ergebenden Umbau- und Ergänzungsmöglichkeiten. Die Hersteller bieten sie neben der unveränderbaren Grundform mit einfach ausziehbarer oder mehrfach ausziehbarer Ladefläche an. Die Variabilität wird fortgeführt bei der Ausrüstung des Frontteiles. Der so genannte Schwanenhals kann in seiner Form auf die Länge der Sattelzugmaschine abgestimmt werden. Am Heck schließlich gibt es neben der üblichen Auffahrrampe mit Rampenschienen auch eine abgesenkte Ladefläche oder eine Abstützung, falls das Heck glatt überfahrbar ist. Die Nutzlast wird auch hier bestimmt durch die Zahl der verbauten Achsen. Ein Achtachser kann 90 Tonnen aufnehmen. Das ist gar nicht so viel mehr als bei den starren Tiefladern, den Unterschied macht die vielfältige Nutzbarkeit.

Großer Aufwand wird für die Lenkung betrieben. Auch hier gibt es ungelenkte Sattelauflieger für den Betrieb auf der Straße, die hohe Ingenieurskunst setzt aber bei den Fahrzeugen mit Nachlauflenkung ein, eine Zwangslenkung, die der zerrenden Bewegung des Aufliegers in der Kurve folgt. Beim zwangsgelenkten Sattelanhänger beispielsweise werden alle Räder hydromechanisch an den Achsen, dem Signal aus der Sattelkupplung folgend, im richtigen Winkel angestellt, wobei die Achsen des Tiefladers über Drehkränze verfügen, die mechanisch miteinander verbunden sind. Ein zweiter Bremskreis sorgt für Sicherheit bei eventuellem Bremsenausfall. Eine Sonderstellung nehmen ungelenkte Sattelauflieger für unwegsames Gelände ein. Um sie dafür tauglich zu machen und Lasten bis 100 Tonnen zu ermöglichen, haben sie statt der in dieser Gewichtskategorie meistens verwendeten Starrachsen je zwei Pendelachskonstruktionen nebeneinander. Sie können (Beispiel Goldhofer) längs und quer pendeln, also sowohl Bodenwellen als auch Neigungen in der Fahrbahn ausgleichen.

Tieflader in der Kurvenfahrt: An die Lenkung werden höchste Anforderungen gestellt. *Foto: Nooteboom*

Die Ladefläche etwas tiefer als gewöhnlich anzubringen ist nur der kleinste Schritt der Flexibilisierung innerhalb dieser Typenreihen, wobei sich im Gegensatz zu den starren Aufliegern bei einigen Baureihen der Schwanenhals zur Beladung von vorn entfernen lässt. Hier geht es nun nicht nur in die Tiefe (hydraulisch verstellbarer Ladeboden) und in die Länge (Teleskop), sondern auch in die Breite. Nur ein kleiner konstruktiver Schritt ist es vom Übergang des Sattelaufliegers zum Anhänger, beispielsweise wenn ein solcher Tieflader mit Vorderachsen über Schwanenhals und Königszapfen mit der Sattelkupplung der Zugmaschine verbunden wird. Alternativ kann ein Auflieger mit Hilfe einer Dolly genannten vorderen Achse zum Anhänger umgebaut werden. Dank der vorderen Achsen des Tiefladers verteilt sich die Last günstiger. Mit solchen Fahrzeugen lassen sich Ladungen bis 100 Tonnen Gewicht bewältigen. Dazu ist ein Achsausgleich notwendig, entweder erreicht mit Hilfe der Hydraulik oder Luftfederung. Oft werden vorn Pendelachsen und hinten Starrachsen mit Lenkschenkeln verwendet. Die Räder sind zwangsgelenkt. Eine Spezialität hat Goldhofer entwickelt, eine Konstruktion, bei der die schmalen Achsen zur Mitte des Fahrzeugs hin angeordnet sind. Sie verändern die Ladefläche, wenn zum Beispiel Baufahrzeuge die Schmalachse zwischen ihre großen Räder nehmen und so den Schwerpunkt der Ladung in günstiger Weise beeinflussen. Für selbsttragende Ladung, besonders stark vertreten beim Transport von Windkraftelementen, stehen mitlenkende Nachläufer zur Verfügung. Komplizierter als es auf den ersten Blick aussieht, ist der Transport von Rotorblättern für Windkraftanlagen. Weil sie leicht gedreht sind und eine flache und eine gewölbte Seite haben (damit der Wind an der flachen Seite anders vorbeiströmt als auf der gewölbten und der Rotor so in Bewegung gerät), liegen sie nicht gleichmäßig auf, das Rotorblatt muss deshalb an verschiedenen Punkten stabilisiert werden. Auf gar keinen Fall darf die Oberfläche beschädigt werden, weil sonst die genau ausgerechnete Wirksamkeit des Blattes nachlassen würde. Hier kenn-

Der Schwanenhals überbrückt den Höhenunterschied zwischen Zugmaschine und Auflieger. *Foto: Nooteboom*

Anpassung des Tiefbetts an die Breite der Ladung. *Foto: Nooteboom*

zeichnen auch immer neue Fahrzeuglängen den technischen Fortschritt (Rotorblätter können bis zu 75 Meter lang sein). Daneben gelten intensive Forschungen der Gewichtsreduzierung. Je leichter das Fahrzeug, desto höher die Nutzlast – das galt unter bestimmten Umständen schon immer – oder aber desto niedriger die Achslast – ein wichtiger, sehr aktueller Aspekt angesichts maroder Infrastruktur.

Pritschenauflieger mit ebener und über den Fahrwerken angebrachter Ladefläche – auch Plateauauflieger genannt – lassen sich ebenfalls verlängern, um entsprechend sperrige, aber nicht allzu schwere Lasten zu befördern. Hier geht es meist um den Transport von Röhren, Kranauslegern und Bauelementen. Häufig in der Branche ist ihr Einsatz für den Transport von Ballastelementen für den Kraneinsatz.

Kombinationslastwagen: Der Plateauwagen lässt sich bei Bedarf auch für Leichtgewichtiges einsetzen. *Foto: Broshuis*

Zwölf Achsen und doppelt breit – Schwerlastmodul von Goldhofer aus den 1990er Jahren. *Foto: Goldhofer*

Modulare Plattformwagen

Jeder Anhänger und Sattelauflieger, auch der Tieflader, ist ursprünglich konzipiert für den Straßenverkehr – innerhalb der dafür gültigen Regeln, Maße und Gewichte. Deshalb hat die Nutzung der kompletten Tiefladeanhänger, so flexibel diese auch konstruiert sind, ihre Grenzen. Über den Aufliegern und Anhängern „aus einem Stück" thront die Krönung der Schwertransportfahrzeuge, nämlich die modularen Plattformwagen, gezogen oder selbstfahrend. Ihre Nutzlast beginnt bei 70 Tonnen und hört erst bei unvorstellbaren 10.000 Tonnen auf! Ist keine ebene Ladefläche verlangt, bilden beispielsweise Flachbettbrücke, Kesselbrücke oder Baggerbrücke das dritte Modul, montiert zwischen den Plattformwagen vorn und hinten. Sehr voluminöse Ladung (z. B. Kesselbrücken in der Breite bis sechs Meter und in der Länge bis 13 Meter) kann so aufgenommen werden, dazu kommt die Möglichkeit, die Ladung selbsttragend auf die Module aufzulegen.

Bereit für höchste Lasten ist die Pendelachse – hier die Konstruktion von Scheuerle. *Foto: Scheuerle*

Die hohe Kunst der Lenkung: Schwerlastmodul von Scheuerle beim Drehen um die eigene Achse. *Foto: Scheuerle*

Herzstück der Transporter sind die einzelnen Module. Mindestens zwei bis maximal acht Achslinien liegen in einem robusten kastenförmigen Rahmen mit soliden Längs- und Querträgern aus hochwertigem Stahl. Die Module lassen sich hinter- und nebeneinander anbringen, verbunden über spezielle Kupplungselemente. Achslinien gibt es mit Achslasten zwischen 15 und 60 Tonnen. Wer den eingesetzten Typ kennt, kann also anhand der Achslinien nachrechnen, für welches Gewicht der beobachtete Plattformwagen zusammengestellt wurde. Die Achslinien selbst bestehen in der Regel aus je zwei Doppelrädern, die über Pendelachsen mit dem Rahmen verbunden sind. Die Achsen pendeln vertikal über einen Abstützzylinder am Drehgestell, das seinerseits oben am Fahrzeugrahmen befestigt ist. Unten im Drehgestell gleicht ein Schwingarm die Pendelbewegung aus. Bei voller Last ist der Abstützzylinder ganz nach unten gefahren, bei nachlassender Last fährt er selbständig hoch. Außerdem sorgen die Abstützzylinder im Zusammenspiel untereinander für Ausgleich zwischen den einzelnen Achsen, ein wichtiger Punkt beim Fahren in Gefälle, durch Kurven oder über Bodenwellen. Hier spielt sich einiges ab, ohne die Hydraulikzylinder wäre ein Schwertransport auf unebener Strecke nicht durchführbar. Dank des computergesteuerten Zusammenspiels der Hydraulikzylinder steht die Ladung sicher, es sind auch komplizierte Wegstrecken für den Transport machbar. Bis 700 Millimeter (Beispiel Scheuerle) schafft der Achsausgleich in der Längsrichtung, bis 300 Millimeter in der Querrichtung. Exakt vorbestimmte Hydraulikkreise sind so zusammengeschaltet, dass immer an der richtigen Stelle der Ausgleich erfolgt. Entsprechend dieser Herkulesarbeit sind die Hydraulikaggregate der Plattformwagen groß dimensioniert, zumal sie auch die Kraftversorgung der komplizierten Lenkung steuern.

Mit von oben einsetzbaren Spurstangen wird die Lenkung jeder individuell eingerichteten Moduleinheit gesteuert. Die elektronische Lenksynchronisation sorgt dafür, dass alle Achsen dem zentralen Drehpunkt folgen. *Foto: Heinz-Toni Sesterheim*

Handsteuerung: Der Bediener braucht stets ein gutes Auge. *Foto: Heinz-Toni Sesterheim*

Hydraulikzylinder regeln den Achslastausgleich beim Überfahren von Bodenwellen. *Foto: Goldhofer*

Es ist nicht einfach, so viele Räder – bei einem Schwertransport können es leicht 48 und mehr sein – in den gewünschten Einschlagwinkel zu bringen. Von einem zentralen Drehpunkt (Lenkplatte) auf dem Plattformwagen aus erfolgt die Steuerung mittels elektronischer Lenksynchronisation, und zwar jeweils für eine Einheit von maximal vier Achslinien. Jede Änderung des Winkels zwischen Zugfahrzeug und der Plattformspitze – also jede noch so leichte Kurvenfahrt des Zugfahrzeugs – erzeugt einen Impuls, der an den Drehpunkt weitergeleitet wird. Die Hydraulik übernimmt es dann, per Öldruck die empfangenen Einschlagwinkel über die Lenkzylinder an die weiteren Module zu geben. Innerhalb der Module übertragen Spurstangen den Lenkeinschlag auf die Lenkzylinder.

Die Bremsen der Plattformwagen arbeiten in Abhängigkeit vom Zugfahrzeug. Die leistungsfähigen Kompressoren der Schwerlastzugmaschine sorgen für die benötigte Menge Pressluft. Das ganze modulare System wäre unvollständig, wenn sich die einzelnen Achslinien-Elemente nicht auch mit den von teleskopierbaren Tiefladeanhängern bekannten Lasttragemitteln kombinieren ließen. So gibt es Tiefladebrücken – auch für Baumaschinen mit ausgespartem Raum für die Räder–, Kesselbrücken und die davon abgeleiteten Hubhebelbrücken für selbsttragende Ladung. Durch Hubhebel oberhalb der Drehschemel kann die Brücke unabhängig von den Fahrwerken angehoben oder abgesenkt werden, um Hindernissen auszuweichen. Die Ladung besteht aus voluminösen und schweren Teilen, etwa großen Schiffsdieseln, Generatoren oder Kesseln im Nutzlastbereich bis 300 Tonnen. Die Langtransportschemel (Nachläufer) sind über eine Schlauchverbindung zur Energieversorgung von Bremse und Beleuchtung mit dem Zugfahrzeug verbunden. Bei dieser Kombination trägt jede Einheit für sich. Deshalb reicht die mögliche Nutzlast hier auch bis 750 Tonnen. Zwei große Transportschemel tragen die Seitenträgerbrücke für Lasten bis 600 Tonnen. Die Seitenträgerbrücke umfasst die Ladung und kann sie hydraulisch anheben oder absenken.

Schwerlastmodul mit Kabine vor dem Powerpack – das Fahrzeug erhält ein Gesicht. *Foto: Goldhofer*

Selbstfahrende Plattformwagen

Bei so vielfältigen Kombinationen lag der Schritt nahe, die Moduleinheiten auch mit eigenem Antrieb zu versehen. Das funktioniert relativ unspektakulär, indem der Plattform eine Antriebseinheit angekuppelt wird. Der Motor sowie die Bauteile des hydrostatischen Antriebs (Hydraulikpumpe, Ölkühler und Öltank) sind kompakt und flach untergebracht und lassen sich anheben, um die Manövrierfähigkeit der eigentlichen Plattform nicht zu beeinflussen. Bekannt geworden sind sie unter der Bezeichnung Self-Propelled Modular Transporter (SPMT), ursprünglich von Scheuerle für seine Produkte eingeführt und bald allgemeingültig angewendet.

Der hydrostatische Antrieb garantiert ein ruckfreies Beschleunigen und Bremsen. Das Prinzip: Der Motor treibt eine Ölpumpe an, die über ein Leitungssystem Öl in kleine, in den Achsen platzierte Hydraulikmotoren drückt. Das fließende Öl setzt diese und damit die Räder in Bewegung, je nach Öldruck sanft oder kräftig, aber immer ohne jedes Ruckeln. Vorwärts- und Rückwärtsfahren wird über Änderung der Strömungsrichtung geregelt, Bremsen über eine Umkehrung der Strömung vom Hydraulikmotor zur Pumpe. Plattformen für schwere Lasten bekamen pro Rad einen Motor, andere pro Achse, gekoppelt mit einem Differenzial.

Eine solche Antriebseinheit mit einer Leistung von beispielsweise 390 kW/ 530 PS ersetzt zwei Zugmaschinen. Bedient wird sie von außen über Fernsteuerung, aber auch Führerstände, offen oder mit Kabine, sind möglich. Allerdings bleibt die Geschwindigkeit auf 12 km/h (unbeladen) bzw. beladen auf 5 km/h begrenzt. Der Antrieb wird

Werfttransporter von Scheuerle für mehr als 1000 Tonnen mit 29 Achslinien aus den 1980er Jahren. Vorn das Powerpack. *Foto: Scheuerle*

alternativ auch zuschaltbar ausgeführt, um bei Transporten mit mehreren Plattformwagen einen Hilfsantrieb zur Unterstützung einzusetzen und um eventuell auf Bergstrecken auf eine zweite Zugmaschine zu verzichten oder aber in Kurven einen zusätzlichen Schub zu haben. Als Alternative zum Andocken an die Plattformeinheiten werden die Power Packs je nach Typ auch unterflur platziert.

Auch Plattformwagen sind für den Straßenverkehr zugelassen. Oft rollen sie aber in „großflächigen" Kombinationen auf abgesperrten Arealen und bewältigen spektakuläre Transporte innerhalb von Häfen oder bei großen Industrieprojekten. Besonders dehnfester Stahl, Plattformen in Sandwich-Bauweise und ein Verhältnis des Eigengewichtes zur Nutzlast von 1:9, so kennzeichnet beispielsweise Scheuerle seine Modultransporter. Bis zu 350 kW/475 PS leistet die Antriebseinheit, der maximale Öldruck für die hydrostatische Kraftübertragung liegt bei 420 bar. Die Elektronik sorgt für lastabhängige Antriebssteuerung und synchronisiert die Pumpensteuerung des Hydrostats. Die Vielweglenkung ist ebenso programmierbar wie das exakte Positionieren der Module. Bei Fahrten mit selbsttragender Ladung lassen sich die Module exakt gleich steuern bis zu einem Abstand von 100 Metern.

Die Selbstfahrer sind sehr wendig, die Lenkung erlaubt alle effektiven Varianten bis hin zur Karussellfahrt, bei der die Räder der mittleren Achsen im kleinen Radius eingeschlagen sind (geringe Umfangsgeschwindigkeit) und die der äußeren Achsen im größeren Radius (steigende Umfangsgeschwindigkeit). Der Modultransporter dreht sich also tatsächlich um die eigene Achse.

Die Transformation ist auch im Schwerlastverkehr angekommen: Elektrisches Powerpack, hier von Goldhofer. *Foto: Goldhofer.*

Es gibt Nischen in der Welt des Schwertransports, in denen es auf fertig montierte, nicht trennbare Einheiten ankommt. Wenn nämlich stets ähnliche schwergewichtige Aufgaben zu bewältigen sind wie zum Beispiel innerhalb einer großen Schiffswerft. Scheuerle hat für diesen Zweck Plattformwagen mit zwölf Pendelachsen und einer Nutzlast von 300 Tonnen konstruiert. Für die ganz großen Lasten der Schiffssektionen lassen sich die Spezialtransporter auch miteinander kombinieren. Die Räder sind gegen Durchdrehen gesichert, eine elektronische Schwerpunkt- und Gewichtsanzeige wacht über den korrekten Sitz der Ladung. Hydrostatischer Antrieb und die sprichwörtliche Wendigkeit der Schwerlasttransporter wirkt sich natürlich auch hier segensreich aus. Die Möglichkeit der hydraulischen Verbreiterung hat hier in jüngster Zeit noch mehr Möglichkeiten geschaffen, wie zum Beispiel mit einer variablen Breite von 3.000 mm bis 5.100 mm bei Goldhofer.

Dass die Transformation vom Verbrennungsmotor hin zum elektrischen Antrieb über kurz oder lang auch die selbstfahrenden Plattformwagen erreichen würde, war zu erwarten. Dabei kam ein wichtiger Impuls gar nicht aus dem Bestreben um Klimaverträglichkeit des Transports, sondern aus dem Arbeitsschutz. Eine Vorschrift in Dänemark, wonach sich keine Beschäftigten in einer Halle aufhalten dürfen, wenn ein Dieselaggregat läuft, erfüllte Ende 2024 Cometto mit seinem ersten SPMT-Fahrzeug hybriden Antriebs. Das sechsachsige Modulmax SP-E birgt 186 kW aus dem Dieselmotor und 100 kW aus dem Elektromotor unter. So arbeitet das Fahrzeug in der Halle elektrisch – und leise bei nur 80 dB(A) – und lässt sich draußen per Knopfdruck umstellen auf Dieselbetrieb.

Der nächste Schritt ließ nicht lange auf sich warten: Auf der Messe bauma 2025 standen die ersten vollelektrischen Plattformwagen, so bei Goldhofer und Scheuerle. Nicht nur der Einsatz in Hallen oder Tunnelanlagen spricht für die neue Technik und auch nicht nur die Klimaverträglichkeit, sondern auch eine höhere Effizienz, vor allem beim Anfahren. Goldhofer spricht hier von 30 Prozent bei der Traktionskraft. Das im Goldhofer PST/ES-T verwendete E-PowerPack wird von einem 250 kW starken Elektromotor angetrieben, die sechs Batterieeinheiten bringen eine Leistung von 240 kW/h. Die Achslast liegt bei 45 t. Scheuerle verspricht für seinen elektrisch betriebenen SPMT einen kompletten Arbeitstag ohne Nachladen der Lithium-Ionen-Batterie. Nachladen lässt sich von 20 Prozent auf 80 Prozent bei einer Ladeleistung von 300 kW in 30 Minuten – oder über Nacht am Wechselstromanschluss.

Markenzeichen: Der Tieflader ist in ausgefahrenem Zustand so lang wie die Fassade der Fabrik im niederländischen Kampen. *Foto: Broshuis*

Broshuis

Ausziehbare und nicht ausziehbare Sattelauflieger in allen Längen und allen Höhen – das ist die Domäne des traditionsreichen Herstellers aus den Niederlanden. Dazu kommen spezielle Chassis für den Transport von Containern und von Beton-Fertigteilen. Die Tieflader bewältigen Nutzlasten von bis zu 90 Tonnen und werden häufig für den Transport von Baumaschinen und anderen Fahrzeugen sowie von Flügeln großer Windradanlagen eingesetzt. Es handelt sich in der Regel um komplette Fahrzeuge, nicht um Module, sieht man von der Verwendung von Dollys zur Erhöhung der Nutzlast ab.

Mit einer speziellen Lösung für den Transport von Windradflügeln hat sich Broshuis in den ersten Jahren nach 2000 einen Namen gemacht: Der ausziehbare Auflieger ist im vorderen Teil an der Sattelkupplung des Tiefladers in der üblichen Höhe ausgeführt, im hinteren Teil dagegen niedriger. Eine Stufe im Tieflader, unmittelbar hinter der Hinterachse der Zugmaschine, überbrückt die Differenz. Die so entstandenen Höhenmaße entsprechen genau den Anforderungen solcher Transporte. Der Vorteil liegt in der besseren Wendigkeit des Drehkranzes einerseits und der größeren Höhe zur Aufnahme der Flügel andererseits. Der Trick: Das flache Ende des Windradflügels (im montierten Zustand die Spitze) wird auf dem höheren Teil gelagert, ein zweites Windrad kommt darüber in entgegengesetzter Richtung, gehalten durch Rungentaschen. Von Windradflügeln der kleineren Sorte passen in drei Lagen übereinander auch zwei nebeneinander.

MAN TGX Schwerlastzugmaschine 41 640 vor Dolly-Tiefbett PL2 von Broshuis mit einer Nutzlast von 85 Tonnen, ausgestellt auf einer Hausmesse.
Foto: www.hadel.net

Der größte Teil der Broshuis-Tieflader lässt sich von 17 Metern Länge im geschlossenen Zustand auf 50 Meter Länge ausfahren. Die Plateau-Auflieger sind 13 Meter lang und lassen sich um 15,40 Meter erweitern. Geeignet sind sie in ausgezogenem Zustand für den Spezialtransport und in der üblichen Länge für gewöhnliche Fahrten. Auch die Tieflader sind zweifach ausfahrbar und erreichen Ladelängen von bis zu 34 Metern. Neben Tiefladern mit ebener Ladefläche gibt es solche mit Tiefbett.

Umfangreich stellt sich das aktuelle Lieferprogramm von Broshuis dar: Acht Grundtypen Semitieflader, fünf unterschiedliche Tiefbettauflieger und vier Plateauauflieger sowie ein Containerchassis. Die Semitieflader reichen von drei Achsen (Nutzlast 30 bis 40 Tonnen, Achslast 12 Tonnen) bis zehn Achsen (Nutzlast 115 Tonnen), dazwischen liegen Vier- Fünf- und Sechsachser. Der Zehnachser ist zweifach ausziehbar, bei den Fünfachsern gibt es die dreifache Erweiterung, einige Typen sind auch starr ausgeführt. Hierbei handelt es sich um hydraulisch gelenkte Einheiten. Die nachlaufgelenkten Ausführungen reichen bis zum Vierachser und einer Nutzlast von 45 Tonnen.

Maximal fünf Achsen haben die Tiefbettfauflieger. In der größten Variante, kombiniert mit einem dreiachsigen Dolly, können sie 85 Tonnen aufnehmen. Die Ladehöhe liegt bei 280 Millimetern, um 615 Millimeter niedriger als beim Semi-Tieflader. Die Plateauauflieger reichen von drei bis fünf Achsen, die größte schafft 50 Tonnen Nutzlast und ist dreifach ausziehbar. Die Speziallösung von Broshuis für die Windkraftindustrie heißt „Äquator Blase Trailer“: Dreifach ausgezogen ist der Auflieger 49,100 Meter lang, mit der Ladung eines Rotorblattes kommen fast 70 Meter für die Fuhre zusammen.

Dreiachsiger Semi-Tieflader mit Nachlaufgelenk von Broshuis auf der IAA 2016. Die Nutzlast beträgt ca. 36,1 Tonnen.
Foto: wikimedia commons / Spielvogel

Mit Kraftfahrzeugen hatte die schon 1885 gegründete Firma erstmals 1926 in Form eines Umbaus zu tun, als aus einem Ford T-Modell ein kleiner Lastwagen wurde. Das heutige Spezialgebiet der Auflieger beschäftigte Broshuis erstmals 1958, allerdings noch mit konventionellen Varianten. Richtig los ging es dann im Jahre 1965: Der erste Tieflader von Broshuis und der erste ausziehbare Satteltieflader der Welt! Die Entwicklung nahm ihren Lauf, heute entstehen in dem modernen Werk in Kampen jährlich rund 1000 Auflieger und spezielle Container-Chassis. 500 Menschen arbeiten heute im Namen von Broshuis, einem Namen, den die Schwerlastbranche in ganz Europa kennt.

Fahrzeuge von Broshuis B.V.
www.broshuis.com

- Sattelaufleger mit Plateau, als Tieflader oder mit Tiefbett, bis zu zehn Achsen, teilweise mehrfach ausziehbar, variable Breite, Nutzlast bis 115 Tonnen
- Sattelauflieger zum Transport von Containern
- Belegschaft: 500 Mitarbeiter

Überlänge gut ausbalanciert: Zwei Selbstfahrer von Cometto mit zusammen 22 Achsen im Hafengelände. *Foto: Cometto*

Cometto

Weltweit aktiv und komplett im Angebot – so wahrte der italienische Hersteller Cometto lange Zeit seine Position auf dem Weltmarkt. Seit 2017 ist das anders, als Cometto von der Faymoville-Gruppe in Belgien übernommen wurde. Der Hersteller ist seitdem mit der Rolle des Spezialisten für Selbstfahrer befasst, ein Gebiet, auf dem er schon sehr lange aktiv ist. Weggefallen sind die Tieflader, von denen es zuvor ein komplettes Programm gegeben hatte.

Ihren Anfang nahm die Industrie Cometto S.p.A. im Jahre 1954. Heutiger Standort ist Borgo San Dalmazzo, nicht weit von der Mittelmeerküste bei Nizza entfernt. Spektakuläre Einsätze im obersten Segment der Selbstfahrer, wie bei der NASA im Jahre 1993 oder mit der europäischen Rakete Ariane V 1996, sind Meilensteine in der Geschichte des Unternehmens.

Für den innerbetrieblichen Transport bietet Cometto drei modulare Einheiten an – Eco 500, Eco 1000 und Eco 1500. Die Zahl kennzeichnet die maximale Nutzlast. Bis zu vier Einheiten können mit untereinander austauschbaren Komponenten zusammengestellt werden. Für alle gibt es drei verschiedenen Power-Pack-Technologien, den Dieselmotor pur, eine Hybridlösung oder Elektroantrieb. Da die Power-Pack-Einheit unter der Ladefläche platziert ist, sind die Module auch auf engem Raum gut einsetzbar. Lieferbar sind die Eco-Modelle mit zwei, vier oder sechs Achsen.

Für den klassischen Schwertransport bis in ganz hohe Gewichtsbereiche hat Cometto zwei Grundmodelle seiner selbstfahrenden Module entwickelt, den MSPE 48T und den MSPE EV03 70T. Die Ziffern geben hier die Achslast pro Linie an. Beide Typen lassen sich in alle Richtungen kombinieren, bis sechs modulare Achslinien pro Einheit sind möglich. Für die Heavy-Duty-Ausführungen wurde das Biegemoment erhöht.

Spezialist in der Faymonville-Gruppe: Selbstfahrer MSPE von Cometto, hier mit 44 Achsen aufgestellt. Die Ladung besteht aus 510 Tonnen schweren Gasreaktoren. *Foto: Cometto*

Rotorblätter für Windkraftanlagen kommen bei Cometto auf die Typen BladeMAX650 und 800. Die Ladung kann montiert werden auf einem Selbstfahrer oder zwischen modularen Achslinien. Für schwierige Streckenführungen ist an alles gedacht: Das Rotorblatt lässt sich bis zu einem Winkel von nahezu 90° aufstellen, schwenken und um 360° um die eigene Achse drehen. Optional kann sogar eine dritte vertikale Drehachse integriert werden, die zusätzlich einen seitlichen Schwenkwinkel von 20° ermöglicht – wichtig für Einsätze in dicht bebauten Gebieten. Außerdem fertigt Cometto Hubtransporter für innerbetriebliche Aufgaben.

Fahrzeuge von Cometto S.p.A,
I 12011 Borgo San Dalmazzo
www.comettoind.com

- Selbstfahrer, Module bis zu sechs Achslinien, hydrostatischer Antrieb, in Kombination bis Nutzlasten von 25.000 Tonnen möglich
- Kombinationen für Transport von Windkraftelementen
- Hubtransporter unter anderem für den Bedarf in Werften

Spezialist für lange Ladung: Dreiachsiger Plattform-Sattelauflieger von Doll in ausgezogenem Zustand und stark belastet. *Foto: Doll*

Doll

Irgendwie war die Firmengeschichte der heute bereits seit über 145 Jahren existierenden Doll Fahrzeugbau AG in Oppenau vorgezeichnet: Für die Schmiede mitten im Schwarzwald, 1878 von Johann Georg Doll gegründet, führte kein Weg an den Fahrzeugen des Holztransports vorbei. Nachläufer für den Holztransport waren die ersten eigenständigen Produkte im Fahrzeugbereich. In den späten 1920er Jahren trugen sie noch Hartgummireifen, waren aber genau abgestimmt auf die Holzabfuhr in unmittelbarer Nachbarschaft. Dieser Nachläufer für lange Ladung bedeutete aber auch den Einstieg in das nächste Geschäftsfeld, den Schwertransport. Die Firma mit ihren rund 420 Mitarbeitern pflegt eine hohe Produktionstiefe und fertigt beispielsweise sämtliche Achsen selbst, 1100 Fahrzeuge im Jahr werden in zwei deutschen und einem französischen Werk produziert.

Doll baut Sattelauflieger in drei Grundvarianten: Semisattelauflieger (eine bis acht Achsen), Tiefbettauflieger (zwei bis acht Achsen) und Plattformauflieger (bis fünf Achsen). Für alle Varianten stehen drei verschiedene Achskonstruktionen zur Verfügung – Doll panther (Einzelradaufhängung, 12 Tonnen Nutzlast), Doll vario (starr, 10 Tonnen) und Doll tera (Pendelachse, 12 Tonnen). Letztere hat einen bis zu 600 mm reichenden Hubausgleich für die Fahrt im Gelände. Allen gemeinsam sind die hydraulische Lenkung mit einem Lenkeinschlag von bis zu 55 Grad.

Aus diesem Programm heraus hat Doll zwei Grundtypen für den militärischen Einsatz entwickelt: eine Version des Semisattelaufliegers für leichtes und eine für schweres Gelände. Doll beliefert auch die deutsche Bundeswehr.

Einer von 249: Übergabe eines Sattelanhängers für den Panzertransport aus einem ersten Großauftrag für die Bundeswehr im Jahr 2023.
Foto: Doll

Das alte Stammsegment der Transporte im Forst ist mit einer eigenen Sparte vertreten. Hier geht es um zweiachsige Nachläufer und feste Sattelauflieger für den Langholztransport in einer Länge von bis zu 22 Metern sowie um die bekannten Semisattelauflieger für den Maschinentransport. Nachläufer kommen auch für den Transport von bis zu 100 Meter langen Rotorblättern zum Einsatz. Der Nachläufer hat vier Achsen, eine Kombination mit einem zweiachsigen Dolly ist möglich.

Als Geschäftsfeld außerhalb des Schwertransports baut Doll Hubservicefahrzeuge für den Flughafenbetrieb.

Fahrzeuge der Doll Fahrzeugbau AG
www.doll-oppenau.com

- Tiefbett-, Semi- und Plattformauflieger mit starrem Aufbau, zwei- bis achtachsig, Dolly und Schwanenhals, Nutzlast maximal 80 Tonnen, Selbstlenknachläufer. Außerdem Aufbauten und Anhänger für den Holztransport, Hubservicefahrzeuge für Flughäfen
- Belegschaft: 420 Mitarbeiter

Länge und Gewicht: Die Tiefbau-Spezialmaschine Fundex 3500 verteilt ihre 80 Tonnen Gewicht auf 23,90 Meter Länge. Verladen ist sie auf einer Combi Max. *Foto: Faymonville*

Faymonville

Von der Dorfschmiede zum Fahrzeughersteller – diese im Fahrzeugbau häufig erlebte Geschichte trifft auch auf Faymonville in Belgien zu. Geschehen ist dies allerdings in relativ kurzer Zeit. Es war um das Jahr 1960, als Berthold Faymonville die Herausforderung, etwas Neues zu tun, annahm und seine Aktivitäten schnell ausweitete. Bis dahin hatte er im ostbelgischen Dorf Rocherath eine Schmiede geführt und allmählich zur Werkstatt für Landmaschinen entwickelt. Holztransporteure bildeten die nächste neue Kundengruppe des kleinen Traktorenhändlers. Da war es zu den Tiefbettaufliegern nicht mehr weit.

Im Jahre 1980 stellten dann gelenkte und ausziehbare Sattelauflieger den Übergang zur heutigen Palette dar. Das Programm wuchs ebenso schnell wie die Produktionsstätten, eine nächste Werkserweiterung stand 1999 an und wenige Jahre später der Bau eines kompletten zweiten Werks in Lentzweiler im benachbarten Luxemburg. 2006 wurde ein Werk in Polen eingerichtet. Der nächste Schritt folgte 2017, als das italienische Unternehmen Cometto unter das Dach von Faymonville kam. Im Zuge dessen wurde der Hauptsitz nach Luxemburg verlegt und das Unternehmen in eine Aktiengesellschaft luxemburgischen Rechts umgewandelt – seitdem heißt es Faymonville Group. Luxemburg wurde Technologie- und Entwicklungsträger, das Werk in Belgien Kompetenzzentrum für Automation, Robotik und mechanische Bearbeitung, das in Polen zum Kernwerk für MAX-Trailer und Hauptzulieferer für Fahrgestelle, Cometto in Italien übernahm die Selbstfahrer. Heute arbeiten im Familienunternehmen Faymonville rund 1400 Menschen, davon rund 600 in Luxemburg und Belgien. Die jährliche Produktionskapazität liegt bei 3000 Einheiten.

Nicht weniger als acht Baureihen fertigt der belgische Hersteller Faymonville SA – dazu wesentliches Zubehör wie Schwanenhals, Ladungssicherungssysteme und eine spezielle Achsaufhängung. Von der Gewichtsklasse her hat er sich dabei auf den Nutzlastbereich von 20 bis 250 Tonnen beschränkt und deckt dort viele Varianten und Kombinationsmöglichkeiten ab.

Langtransport: Zwischen drei Achslinien vorn und sieben hinten ist der Tieflader weit ausgezogen. *Foto: Faymonville*

Fünf Baureihen gehören den Semitiefladern oder Anhängern mit Schwanenhals an. Dabei sind Multimax und Telemax teleskopierbar, die Baureihen Gigamax, Megamax und Variomax sind als fest stehende Tiefbettauflieger mit bis zu fünf Achsen lieferbar. Hier gibt es zwei Besonderheiten: Der Variomax lässt sich um Einachsfahrwerke (Joker-Achse) ergänzen, wenn die aktuelle Nutzlast es erfordert. Und beim Megamax kann der Schwanenhals für eine Beladung von vorn entfernt werden. Der Multimax rollt in der Kategorie von 120 Tonnen Nutzlast. 36 Meter Teleskopierbarkeit sorgen für Anpassung an die Ladungslänge.

Combimax heißt das aus Modulen bestehende Angebot von Faymonville für den Bereich bis 250 Tonnen Nutzlast. Front-, MIttel- und Heckmodule fassen maximal 14 Achsen zusammen, Einzelfahrwerke können hinzukommen und ein Tiefbett eingebaut werden. Hierfür hat der Hersteller ein spezielles Kupplungssystem entwickelt (Add-On-Beam). Die Basisausführung nennt sich Modulmax mit zwei bis sechs Achsen pro Modul. Alle Module gibt es als gezogene Einheiten, mit hydrostatischem Unterstützungsantrieb oder mit PowerPack.

Gewissermaßen als „Zubehör“ für einen großen Schwertransport fungiert der Plataeuauflieger Cargomax (bis acht Achsen) für den Transport von Ballast-Elementen. Mit ihm verwandt ist der Timbermax, ein zweifach teleskopierbarer Auflieger mit zwei oder drei Achsen für den Langholztransport.

Fahrzeuge der Faymonville SA

www.faymonville.com

- Sattelauflieger/Semitieflader mit Plateau oder Tiefbett, bis zu acht Achsen, teilweise Pendelachsen mit Achslastausgleich, Nutzlast maximal 250 Tonnen, Semitieflader (Multimax und Telemax teleskopierbar, Gigamax, Megamax Variomax Cargomax, Multimax, Megamax, Pendelmax, Variomax)
- Modultransporter: Combimax, Modulmax
- Innenlader für Glastransport und Fertigteilelemente (Prefamax, Floatmax)
- Auflieger für Kurz- und Langholztransporte (Timbermax)

Der Opel Blitz lieferte landwirtschaftliche Anhänger aus. *Foto: Goldhofer*

Tieflader aus dem Jahre 1968: Die Allradlenkung ist verwirklicht. *Foto: Goldhofer*

Goldhofer

Im Jahre 1952 präsentierte Alois Goldhofer, Inhaber der Firma Allgäuer-Fahrzeugbau, einen Tieflader, der zum Be- und Entladen über die Hinterräder befahren werden konnte. Es war der zweite große Entwicklungsschritt dieser noch jungen Firma aus dem bayerischen Memmingen, deren Wurzeln ins Jahr 1705 zu einer Dorfschmiede zurückverfolgbar sind. In seiner 1946 gegründeten kleinen Fahrzeugfabrik baute Goldhofer den ersten Anhänger für den landwirtschaftlichen Bedarf. Noch interessanter schien dem Unternehmer die mehr und mehr aufblühende Bauwirtschaft. Der erste Tieflader von 1952 war der Einstieg in diese Branche – und der Beginn des Aufstiegs einer Weltfirma.

Die Bauwirtschaft gab Impulse für Veränderungen. Zunächst galt es, schweres Gerät zu transportieren. Dann kam die Forderung nach dem Transport von Betonfertigteilen an die Baustellen. Tieflader mit gelenkten Hinterachsen, mit verstellbarem Schwanenhals zur Anpassung an jede Zugmaschine erfüllten diese Wünsche. In den 1960er Jahren konnten Schwerlasttransporter schon an die hundert Tonnen befördern. Allradlenkung und hydraulischer Achsausgleich zählten zu den frühen technischen Errungenschaften. Der erste ausziehbare Satteltieflader folgte 1970. Fünf Jahre später wurde für mittelschwere Sattelauflieger die Lenkung verfeinert, Achsschenkel nahmen jetzt die Lenkkräfte auf. Es gab nun den Kombinationsauflieger, der sich mit Tiefbett, Schwanenhals oder verschiedenen Fahrwerken zusammenstellen ließ. Technisches Rückgrat dieser Goldhofer-Konstruktion ist ein Zentralrohr. Die eine der zwei großen Produktlinien bei Goldhofer, die Tiefladeanhänger und -auflieger für Transporte bis 100 Tonnen, wächst auf diese Weise über die Jahre zum heutigen Programm, das Goldhofer weltweit zum Marktführer gemacht hat.

Das Wunderwerk der elektronischen Steuerung: Der Mega PST von Goldhofer demonstriert die Vielweglenkung. *Foto: Goldhofer*

Neue Topleistungen dank selbstfahrender Plattformwagen

Ebenfalls um das Jahr 1970 startete die heute zweite große Produktlinie von Goldhofer, die der selbstfahrenden Plattformwagen. Sie waren eine logische Folge der wachsenden Ansprüche an den Schwertransport und eine Krönung des Programms. Wenn auch die ersten Plattformwagen knapp 100 Tonnen trugen und damit von den Kombi-Sattelaufliegern nicht so weit entfernt waren, zeichnete sich aber doch schon ab, dass sowohl vom Volumen als auch vom Gewicht her die Topleistungen des Schwertransports nur mit den modularen Plattformwagen zu erreichen waren. Miteinander kombinierbar (zunächst nur in Längsrichtung), zwangsgelenkt und mit hydraulischem Achsausgleich versehen, so machte sich die THP (Tieflader, hydraulischer Achsausgleich, Plattformmodul) genannte Baureihe von Goldhofer auf den Weg. Vornehmliches Ziel der Entwicklungsingenieure war die Reduzierung des Eigengewichts – und der Schritt zum Selbstfahrer. 1988 hatte Goldhofer ihn vollzogen.

Je länger und breiter eine solche Transportkombination wird, desto schwieriger ist der Lenkvorgang zu bewältigen. Hier gelang Goldhofer mit der elektronischen Synchronisationslenkung (1989) ein Meilenstein. Sie ermöglicht einen idealen Drehpunkt unabhängig von der augenblicklichen Position der Module, eben da, wo er in einer Kurve gerade gebraucht wird. Bis zu 10.000 Tonnen auf einer Modulkombination — das ist zwar nicht grenzenlos im engeren Sinn, aber doch ein nahezu fantastischer Wert.

Alois Goldhofer war stets der schöpferische Geist des Unternehmens und mit ihm seine Frau Caroline Goldhofer-Prützel. Als Alois Goldhofer 1981 verstarb, übernahm sie als Geschäftsführerin die volle Verantwortung und führte die Firma bis zur Umwandlung in eine Aktiengesellschaft im März 2000. Alleiniger Aktionär ist die Alois Goldhofer Stiftung. Knapp 1000 Mitarbeiter gehören weltweit Goldhofer an, rund 700 davon in Deutschland. Etwa 40.000 Goldhofer-Fahrzeuge sind bisher entstanden, pro Jahr kommen zwischen 600 bis 800 hinzu.

Flexibel: Plateau-Wagen mit ausziehbarer Ladefläche.
Foto: Goldhofer

Fertigungsprogramm in drei Produktlinien

Das aktuelle Programm von Goldhofer ist dreigeteilt: Anhänger und Sattelanhänger für den klassischen Straßentransport, ausziehbare Achsauflieger für besonders langes Transportgut und modulare Schwerlastfahrzeuge für maximal anspruchsvolle Transportaufgaben. Die erste Gruppe nennt der Hersteller „Stars", den Trailstar (Anhänger) und den Stepstar (Semi-Tieflader). Ihre Aufgabe ist der alltägliche Transport schwerer Maschinen wie Bagger, Radlader oder Mähdrescher bis 70 Tonnen Eigengewicht. Die Fahrzeuge weisen zwischen drei und fünf Achsen auf, haben eine Plattform als Ladefläche, in die Baggerstielmulden (Trailstar) oder Radmulden (Stepstar) integriert werden können. Beladen wird von hinten über Anlegrampen.

Wenn es eng wird auf kurvigen Bergstrecken, kommt es auf ausreichenden Achshub (± 350 mm) und den Lenkeinschlag an (60 Grad), wie hier beim dreiachsigen STZ-L vom Goldhofer. *Foto: Goldhofer*

Schwerlastmodule – hinten sechs, vorn vier Achslinien – für den Kabeltransport. *Foto: Goldhofer*

Dem Bereich der Spezialaufgaben stellen sich die Sattelanhänger der Baureihe SPZ in der Nutzlastklasse bis 130 Tonnen. Ein Schwanenhals verbindet Zugmaschine und Anhänger, die Ladefläche ist mehrfach ausziehbar, beispielsweise der SPZ-GP Ventum für den Transport von Windkraftflügeln und bereit, Ladung in maximal 65 Metern Länge aufzunehmen. Tiefbett, Plattform oder Kesselbett sind die Möglichkeiten zwischen Achsen und Schwanenhals. Je nach Typ wird eine Drehschemellenkung (Achsausgleich 300 mm) oder eine Pendelachslenkung (600 mm) installiert. Die Lenkung ist abhängig von der Bewegung des Drehschemels und wird hydraulisch gesteuert. Der abkuppelbare Schwanenhals ermöglicht auch eine Frontbeladung.

Von zwei bis zehn Achslinien

Gezogen oder selbstfahrend, das ist die Welt der modularen Schwerlastfahrzeuge. Den Kern der THP-Baureihe bildet ein kastenförmiger Mittelträger mit stabilen Querträgern, eine sehr biegesteife Konstruktion. Zwei Achslinien stehen als kleinste Einheit bereit, bis zu zehn sind an einem Fahrzeug realisierbar. Achslasten bis 60 Tonnen bei extrem langsamer Fahrt sind möglich. Zwei Pendelachsen je Achslinie und der hydraulische Achsausgleich (600 mm) garantieren zusammen mit der ausgeklügelten Lenkung den sicheren und leistungsfähigen Transport. Über Spurstangen, die von oben zwischen den Achslinien eingehängt werden, lässt sich die komplexe Lenkung auf die jeweilige Kombination einstellen. Auch die elektronische Lenksynchronisation, die einen variablen zentralen Drehpunkt ermöglicht, kommt bei den angehängten Modulen zum Zuge. Kompatibel sind die Module in Längs- und Querrichtung, bei letzterer auch in eineinhalbfacher statt doppelter Breite.

So groß kann Ladung sein: Das Schwerlastmodul von Goldhofer mit 36 Achslinien im Einsatz. *Foto: Goldhofer*

Von ganz anderem Kaliber ist die Lenkung der Selbstfahrer, bei Goldhofer die Baureihe PST (Powered Hydrostatic driven Tractormodul). Die Fahrt regelt eine elektronisch gesteuerte Vielweglenkung mit dem Lenkeinschlag von maximal 110 Grad (angehängte Module: maximal 60 Grad), einer Querfahrt bis zu 90 Grad, Diagonalfahrt und die spektakuläre Karussellfahrt. Hier dreht sich das Fahrzeug um die eigene Achse, die Räder der mittleren Achslinien bilden einen Kreis – alles ein hoher Standard der elektronischen Abstimmung. Der hydrostatische Antrieb sorgt für ruckfreies Rollen. Die Antriebseinheit wird als Modul an die Achslinien angehängt, bedient entweder aus der Kabine, von einem einfachen Fahrersitz ohne Kabine oder aber per Fernsteuerung von außen.

Das Modul mit dem Zusatz „ADDrive" ist eine Kombination zur Steigerung der Effizienz. Es lässt sich beim schnellen Transport auf der Straße antriebslos als Nachläufer mitführen, aber auch mit einem Powerpack bestücken, um unter schwierigen Bedingungen die anderen Zugeinheiten zu unterstützen. Die Achslast liegt bei maximal 45 Tonnen.

Messeattraktion bei Goldhofer auf der bauma 2025: Die elektrische Antriebseinheit für Plattformwagen. *Foto: Goldhofer*

Variable Breite und Elektroantrieb

Auf der Ausstellung bauma 2025 sorgte Goldhofer für eine besondere Attraktion: Das Goldhofer E-PowerPack als Antrieb der Module in Kombination mit dem hydraulisch verbreiterbaren PST/SL-E split, genannt „Widening". Der PST/SL-E split mit Widening-System hat eine Achslast von 45 Tonnen und eine variable Breite von 3000 mm bis 5100 mm (optional bis zu 6800 mm) miteinander kombiniert und ist gedacht für den Transport sperriger Güter. Das brandneue E-PowerPack wurde zum Beleg der Leistungsfähigkeit des elektrischen Antriebs auch in diesem hochspezialisierten Bereich: 250 kW (ca. 340 PS) hat es zu bieten. Und gerade die Messepremiere mit sich immer wiederholenden Vorführungen belegte eine hohe „Reichweite" des elektrischen Antriebs.

Fahrzeuge der Goldhofer AG
D 87700 Memmingen
www.goldhofer.de

- Tieflade- und Plattformanhänger (kleinstes Modell 20 Tonnen Nutzlast, größtes Modell 70 Tonnen)
- Ausziehbare Sattelanhänger, gelenkt und ungelenkt, teilweise Pendelachsen (100 Tonnen)
- Modulare Schwerlastfahrzeuge, gezogen und selbstfahrend, Pendelachsen (10.000 Tonnen), Spezialfahrzeuge für den Flughafendienst, Flugzeugschlepper stangenlos oder konventionell (2013 Übernahme des Herstellers Schopf), Flugzeugbergesystem
- 940 Arbeitskräfte, davon ca. 700 in Deutschland

Selbst angetriebene Module von Kamag transportieren die Raumfähre Endeavour für die US-amerikanische Raumfahrtbehörde NASA, aufgenommen 2012. *Foto: Nathalie Micca, TII SALES*

Kamag

Die Geschichte von Kamag Transporttechnik unterscheidet sich sehr von denen anderer Hersteller im Schwerlastbereich mit ebenfalls illustrem Namen. Keine Dorfschmiede stand zu Beginn, kein Mitwachsen mit den Anforderungen des Schwerlastverkehrs, sondern ein Einstieg ganz oben und das relativ spät. Im Jahr 1969 als „Karlsdorfer Maschinenbaugesellschaft" vom Anhängerhersteller Kögel in Ulm sowie dem Spezialfahrzeugkonstrukteur Karl Weinmann gegründet, ging die Firma gleich daran, die ganz großen Fragen des Transportwesens zu lösen, zumindest was die Gewichte betrifft. Logistische Wege in Schiffswerften, Stahlwerken und Anlagen der Petrochemie standen im Mittelpunkt, sowohl mit selbstfahrenden Modulen als auch mit dem üblichen Lkw-ähnlichen Schwerlastwagen.

Schon ein Jahr nach Gründung zog die Kamag nach Ulm, dem Standort der „Mutter" Kögel. Die Anforderungen des Schiffsbaus machten den Neuling erstmals richtig bekannt, mehrere Sektionstransporter – selbstfahrende, hydrostatisch angetriebene Hubwagen – mit 200 Tonnen Nutzlast eröffneten eine bis heute anhaltende Serie. Besonders stolz war Kamag seinerzeit auf den öffentlichkeitswirksamen Auftrag der US-amerikanischen Weltraumbehörde NASA im Jahre 1979 über Hubwagen zum Transport hochempfindlicher Raketenteile.

Die schweren Kaliber bleiben das Geschäftsfeld von Kamag: Werfttransporter – ab den späten siebziger Jahren auch für Flugzeugwerften – sowie schwere Muldenkipper und ähnliche, auf den Betrieb in Stahlwerken abgestimmte Transportfahrzeuge. Insofern hat sich bis heute prinzipiell nichts geändert – wohl aber die Besitzverhältnisse. Als im Jahre 2004 der Mutterkonzern Kögel in Turbulenzen geriet, wurde während des Insolvenzverfahrens die Kamag aus dem Verbund herausgekauft. Der Heilbronner Investor Otto Rettenmeier erwarb sie und gliederte sie seiner Firmengruppe TII (Transporter Industrie International) zu, die nun Kamag gemeinsam mit Scheuerle und Nicolas aus Frankreich bildet. Unter neuem Logo und altem Namen geht es seitdem weiter mit Kamag. Zu den Meilensteinen der Firmengeschichte zählt auch der legendäre Transporter für die Raumfahrt im Rahmen des Programms für Bodenfahrzeuge der Luftfahrt (Ground Support Equipment/GSE): 6000 Tonnen Nutzlast bei einer Radlast von 150 Tonnen.

Fahren und Balance halten – das leisten Plattformhubwagen von Kamag auf der Schiffswerft.
Foto: Kamag

Kernpunkt des heutigen Programms ist der Modultransporter Power Hoss für den innerbetrieblichen Transport. Die Module gibt es mit zwei, vier oder sechs Achsen, die größte Ausführung misst in der Länge 8800 Millimeter und in der Breite 2990 Millimeter. Vier der größten Einheiten schaffen im Verbund eine Nutzlast von 1320 Tonnen. Die unterflur platzierten Antriebseinheiten leisten zwischen 180 und 400 PS. Dass Kamag die bewährte Pendelachstechnologie von Scheuerle verwendet, liegt auf der Hand.

Die Serie der Industrietransporter stellt bis zu zehn Achslinien bereit, um maximal 700 Tonnen Nutzlast aufzunehmen. Es gibt sie mit Oberflur- oder Unterflurkabine. Vom Werfttransporter Shipyard lassen sich Fahrzeuge von zwei bis 40 Achslinien zusammenstellen. Die Bandbreite der Nutzlast liegt zwischen 30 und 650 Tonnen. Tragen ist hier aber nicht alles, der Werfttransporter kann auch heben. Es steht ein Gesamthub von 700 Millimetern zur Verfügung, um 350 davon wird der Fahrzeugrahmen angehoben, die andere Hälfte steuert der Achslastausgleich bei. Die Hubanlage ist gegen Überlast gesichert und hat zwei Arbeitskreise, sodass im Falle eines Leitungsbruchs eine Gruppe von Hubzylindern weiterarbeitet.

Fahrzeuge der Kamag Transporttechnik AG & Co. KG
D 89079 Ulm
www.tii-group.com

- Modultransporter SPMT Power Hoss, Plattformwagen mit maximal acht Achslinien, Achslastausgleich mittels Antriebseinheit selbstfahrend, 85 Tonnen bis 330 Tonnen, Im Verbund bis 1320 Tonnen
- Werfttransporter Shipyard, Plattformwagen mit maximal 40 Achsen, koppelbar mit SPMT
- Belegschaft: 250 Mitarbeiter

Nicolas-Tieflader mit Dolly für den Baumaschinentransport, Nutzlast 100 Tonnen – ein Bild um das Jahr 2008. *Foto: Nicolas*

Nicolas

Fahrzeuge baut der französische Hersteller seit 1855, noch mitten im Zeitalter der Pferdefuhrwerke. Heute läuft ein breites Sortiment für den Schwertransport auf der Straße und auf Industriearealen unter diesem Markenzeichen, allerdings seit 1995 nicht mehr unter eigener Regie. Seitdem nämlich gehört Nicolas zum Firmenverbund TII (Transporter Industrie International) im deutschen Heilbronn, unter einem Dach vereint mit Scheuerle und Kamag. Zur Geschichte von Nicolas gehören spektakuläre Einsätze in der Raumfahrt, unter anderem in Gestalt der fahrbaren Untersätze beim Transport der europäischen Rakete Ariane V.

Tieflader und Module von Nicolas rollen in mehr als 100 Ländern, bis 80 Prozent der Produktion werden exportiert. Im TII-Programm stehen in Kombination mit Fahrzeugen von Scheuerle drei Grundtypen von Tiefladern. Der Euro Light ist ein zweiachsiger Satteltieflader (Nutzlast 36,9 Tonnen), der darüber angesiedelte Euro Flex hat zwischen drei und fünf Achsen (54,5 Tonnen Nutzlast). Beide sind nicht teleskopierbar. Viele Kombinationsmöglichkeiten bietet der Euro Compact. Schwanenhals oder Dolly mit bis zu drei Achsen vorn und vier und sechs Achsen im Nachläufer sind für den Plattformwagen möglich. Er lässt sich auch mit einem Tiefbett kombinieren. Die kleinsten Einheiten bilden in drei technischen Basistypen die Satteltieflader. Kompakt wirkt der Euro Compact nicht gerade bei vollem Einsatz, die Produktbezeichnung stammt vom Abstand zwischen den Achsen: 1360 mm beziehungsweise 1500 Millimeter. Die höchste Nutzlast liegt bei 106 Tonnen.

Vier verschiedene modulare Plattformwagen fertigt Nicolas innerhalb des umfangreichen TII-Angebots. Zur leichteren Sorte zählen die Modelle MDEL und MDEL R (zwischen 34 Tonnen und 106 Tonnen Nutzlast). Module von zwei bis sechs Linien stehen bereit. In der schweren Klasse sind die Typen MHD und MDED unterwegs. Letzteres Modul ist zwei-, vier- und sechsachsig zu haben, die Achslinienlast liegt bei 34 Tonnen. Ein Sechsermodul dieser Art bringt eine Nutzlast von 217 Tonnen mit (bei 10 km/h 247 Tonnen).

Fahrzeuge der Nicolas S.A.
F 89290 Champs sur Yonne
www.tii-group.com

- Satteltieflader mit starrem Chassis, zwangsgelenkten Rädern, mit Schwanenhals und Dolly, Nutzlast von 36,9 bis 54,9 Tonnen, Tieflader mit Dolly und Tiefbett (bis 106 Tonnen)
- Schwerlastmodule mit Achslinienlast von maximal 247 Tonnen

Aus der Anfangszeit der Nooteboom-Auflieger stammt diese Konstruktion mit liftbaren Platten, um überlange Betonteile aufzunehmen. Die Zugmaschine ist ein Kromhout T4D aus der Zeit nach 1958. *Foto: Nooteboom*

Nooteboom

Den Impuls für die Firma Nooteboom in der heutigen Größe und Bedeutung auf dem Markt der Schwertransportfahrzeuge gab eine schwere Katastrophe, nämlich die furchtbare Überschwemmung an der niederländischen Küste im Februar 1953. Als Reaktion verwirklichte der niederländische Staat die „Deltawerken“, ein Programm für die Errichtung aufwendiger Schutzbauten, mit dem heute weltberühmten Sturmflutwehr an der Oostershelde in der Provinz Seeland als krönendem Abschluss. Mehr als dreißig Jahre nahmen diese Arbeiten in Anspruch, ein gigantisches Projekt buchstäblich tiefgreifender Erdarbeiten, die einen großen Bedarf an geeigneten Fahrzeugen nach sich zog.

Für die Koninklijke Nooteboom Trailers B.V. – so der heutige Name – war dies das Signal, sich neben Kipperaufbauten und Aufbaukranen auf Tieflader zum Baumaschinentransport zu konzentrieren. Genau genommen war die Firma da schon über 70 Jahre alt (gegründet als Schmiede 1881 von Willem Nooteboom in Schiedam), bis zum Ende des Zweiten Weltkrieges hatte aber handwerkliche Arbeit den Ablauf bestimmt. Allerdings sind erste Aufbauten auf Nutzfahrzeugen schon aus den 1920er Jahren dokumentiert, nachdem Henk Nooteboom 1921 den Betrieb übernommen hatte.

Anton Nooteboom, ein Enkel des Firmengründers und ab dem Jahr 1929 mit der Leitung des Betriebes betraut, setzte 1955 ein Zeichen zum Aufbruch und errichtete in Utrecht ein modernes, großes Werk. Den ersten einfachen Aufliegern folgten Tieflader, schon sehr früh mit eigenen, in der Fachwelt stark beachteten Entwicklungen. Dazu zählt ein seitlich ausschwenkbares Fahrwerk hinten, vorgestellt im Jahre 1955. Um das Befahren mit Baumaschinen zu ermöglichen,

Eine seitliche Kippvorrichtung hat dieser einachsige Auflieger. Es zieht ein Magirus-Deutz Mercur in 6x4-Ausführung.
Foto: Nooteboom

musste man hier nicht das Fahrwerk abnehmen wie bei anderen Tiefladern, sondern konnte die Räder bei voller Tragfähigkeit zur Seite wegschwenken. Die Firma erhielt auf diese Technik ein Patent. Für den Transport von Schiffsschrauben entstand 1957 der erste Auflieger mit Hebevorrichtung. Um enge Passagen der Fahrstrecke zu bewältigen, ließ sich die Ladung an einer Seite anheben und auf diese Weise hochstellen, ohne dass die Stabilität des Aufliegers überfordert worden wäre. Tieflader mit gebogenem Schwanenhals, die bereits Nutzlasten von 100 Tonnen schafften, gehören ebenfalls zu den Nooteboom-Entwicklungen jener Zeit.

Die Niederländer waren stets weltoffene Kaufleute. In der Sparte der Fahrzeuge für den Schwertransport unterstrich Nooteboom diesen Ruf beim Abschluss zweier Lizenzabkommen mit deutschen Herstellern. An Langendorf vergab man selbst eine Lizenz zur Fertigung von Tiefladern, bei Goldhofer war man für eine Zeit Lizenznehmer. Es fehlte Nooteboom in den frühen sechziger Jahren nämlich an der Pendelachse für höhere Nutzlasten. Über vier Jahre arbeiteten Nooteboom und Goldhofer zusammen, es kamen dabei auch gemeinsame Entwicklungen zustande. Nach 1968 machte Nooteboom mit dieser Technik unter eigenem Namen weiter und stellte ein Fahrwerk mit vier Pendelachsen vor. Zu jener Zeit war das neue Werk in Wijchen in der Provinz Gelderland bezugsfertig, das Stammwerk in Schiedam wurde 1976 geschlossen, das in Utrecht 1985.

Kontinuierlich und zügig beeinflusste Nooteboom mit Verfeinerungen die technische Entwicklung: Hydrostatische Lenkung ab 1969 und der abnehmbare Schwanenhals ab 1971 sowie ausziehbare Sattelauflieger ab 1973 stellten die nächsten wichtigen Entwicklungsschritte bei den Tiefladern dar. Die hydropneumatische Federung folgte 1978. Vor allem für den Export in arabische und afrikanische Länder entstanden vielerlei Arten von Anhängern, Aufliegern und Lkw-Aufbauten. Mehr und mehr aber kristallisierten sich Anhänger und Auflieger für den Schwertransport als das Spezialgebiet von Nooteboom heraus, um 1987 werden die anderen Produktlinien eingestellt.

Unscheinbarer, aber nützlicher Helfer im Schwertransport und Kraneinsatz: Ballastauflieger OVB -95 -06. *Foto: Nooteboom*

Ende der siebziger Jahre erregte der bis dahin schwerste je gebaute Tieflader von Nooteboom große Aufmerksamkeit. Er rollt auf zweimal drei Achsen und verkraftet eine Nutzlast von 180 Tonnen.

Für Kranbetreiber bringt Nooteboom Ballastanhänger und -auflieger, genau abgestimmt auf Gegengewichte und andere Teile, die dem Kran an der Einsatzstelle angefügt werden müssen. Immer größere Mobilkrane haben den Bedarf entstehen lassen, für Nooteboom wird diese Nische zum dauerhaften Geschäft. Es sind Plattformauflieger mit maximal sechs Achsen, ab Mitte der 1990er Jahre auch mit hydropneumatischer Federung.

Multi-PX 3+7 (Zahl der Achsen) in schwerem Gelände – ein Bild aus dem Jahr 2015. *Foto: Nooteboom*

Schon seit 1990 bedient Nooteboom die Energiewirtschaft mit Transportmöglichkeiten zum Bau von Windkraftanlagen als Speziallösungen. In dieser Tradition steht die größte Fahrzeugkombination, der MWT-(Wind Mill Trailer)XXL. Er ist vorrangig für den Transport der Turmsegmente einer Windkraftanlage gedacht und bietet die Möglichkeit, Turmsegmente verschiedener Durchmesser von 2850 mm bis 6100 mm ohne Umrüstarbeiten aufzunehmen. Dabei werden die Enden der Segmente in eine Dreipunktaufnahme geklemmt. Zwei Module bilden die Auflage für die bis zu 100 Tonnen schwere Ladung. Hinten arbeitet ein selbstlenkender Nachlaufdolly. *Foto: Nooteboom*

Heute umfasst das Angebot von Nooteboom den Nutzlastbereich von 30 bis 180 Tonnen: Es beginnt mit Anhängern und Tiefladern für den Transport von Baumaschinen und Fahrzeugen für die Landwirtschaft, einsetzbar auch hinter gewöhnlichen Lkw. Diese Supertrailer schultern maximal 32 Tonnen. In ähnlichen Kategorien bewegt sich der Sattelauflieger „Megatrailer" mit seiner zweifach ausziehbaren Ladefläche für maximal 50 Tonnen. Der Teletrailer ist ein Sattelaufbau mit durchgehend ebener Ladefläche ohne Schwanenhals. Zwei bis sechs Achsen schaffen maximal 120 Tonnen Nutzlast. Sie sind ebenso wie die Multitrailer ausziehbar und zwangsgelenkt. Bei den Multitrailern beläuft sich die maximale Nutzlast bei zehn Achsen auf 180 Tonnen. Sie sind für Schwertransporte mit Industriegütern gedacht, während die Eurotrailer in ähnlicher Art für schwere Baumaschinen konstruiert sind. Abnehmbarer Schwanenhals oder wahlweise ein überfahrbares Heck machen sie dafür geeignet. Maximal fünf Achsen und eine Nutzlast von 150 Tonnen sind hier möglich.

Die insgesamt 350 Mitarbeiter sorgen dafür, dass in Wijchen rund 1500 Fahrzeuge pro Jahr entstehen. Heute führt Marinka Nooteboom in der fünften Generation die Firma.

Aus dem Programm 2025 von Nooteboom: Eurotrailer im Baustellenverkehr. *Foto: Nooteboom*

Fahrzeuge der Koninklijke Nooteboom Trailers B.V.
NL 6600 AD Wijchen
www.nooteboom.com

- Tiefladeanhänger, Supertrailer, zwei- und dreiachsig, starre Achsen, Nutzlast maximal 30 Tonnen
- Semitieflader, Megatrailer zwei- bis achtachsig, maximale Nutzlast 50 Tonnen, zweifach teleskopierbare Ladefläche (max. 45 Meter Gesamtlänge), hydraulische Zwangslenkung
- Multitrailer, bis dreifach ausziehbar, zwei- bis zehnachsig, Achslast 20 Tonnen, Nutzast 180 Tonnen
- Flachbettauflieger, Teletrailer, zwei- bis sechsachsig, teleskopierbare Ladefläche und hydraulische Zwangslenkung, Nutzlast bis 120 Tonnen
- Belegschaft: 350 Mitarbeiter

Die Scheuerle-Pendelachse ließ sich vom Tieflader entfernen, um die zu transportierenden Maschinen leichter laden zu können. *Foto: Scheuerle*

Scheuerle

Auf der ganzen Welt bemühen sich viele Menschen, den schon in Deutschland recht seltenen Namen Scheuerle auszusprechen – auf Englisch, Japanisch, Russisch, Chinesisch oder Arabisch ist das gar nicht so einfach. Aber alle wissen, wofür der Name steht, nämlich für Hochleistungstechnik im Bereich der Schwerlastfahrzeuge. Zu verdanken ist dies Willy Scheuerle (1912–1985) aus Pfedelbach im Großraum Heilbronn. Im Jahre 1937 hatte er die 1896 gegründete Schmiede seines Großvaters Christian Scheuerle übernommen und klar erkannt, dass mit der sich ausbreitenden Motorisierung dem Schmied die Arbeit bald ausgehen würde. Seine Idee war der Bau von Sonderfahrzeugen für den Schwertransport. Begonnen hat er allerdings mit Anhängern der üblichen Bauweise und mit kleineren Aufliegern für die damals meist noch schwachbrüstigen Lastwagen. Als aber nach dem Zweiten Weltkrieg echter Schwertransport für zivile Zwecke verstärkt in den Blickpunkt rückte, war die Stunde von Willy Scheuerle gekommen. Der Scheuerle-Tieflader von 1949 hatte gleich epochale Neuerungen zu bieten: Die Tiefladeplattform war zwischen zwei jeweils zweiachsigen Fahrwerken eingehängt.

Das führte gegenüber den schon verwirklichten Tiefladern mit einem die Achsen umfassenden Fahrgestell zu einer wichtigen Gewichtsreduzierung. Zum Beladen – vornehmlich mit Baufahrzeugen – wurde eine Achseinheit entfernt, seitliches Überfahren war nicht mehr nötig. Die Plattform war deshalb hydraulisch absenkbar. Jede Achse lenkte mit, zwischen den Achsen eines Paares wirkte ein mechanischer Achsausgleich. Die Blattfedern der Achsen beeinflussten

Ein vierachsiger Tieflader aus der frühen Zeit, abgestellt vor der Scheuerle-Villa mitten im Werksgelände. *Foto: Scheuerle*

sich gegenseitig und sorgten für eine Art Niveauausgleich bei kleinen Unebenheiten. Die Verwendung von zwei über jeder Pendelachse mit dem Fahrgestell verbundenen Radpaaren – die zweite Neuerung von Willy Scheuerle – machte den Anhänger sehr beweglich, da sich die Last pro Achseinheit auf vier statt auf zwei Räder verteilte. Längs- und Querrippen verbinden das Fahrgestell mit den Achsschenkeln, die Last wird gleichmäßig auf alle Räder verteilt.

Hydraulischer Achsausgleich und Vielweglenkung

Allerdings verlangte der mechanische Achsausgleich eine große Bauhöhe, die wiederum den Schwerpunkt der Ladung erhöhte. Die Lösung lag in dem von Scheuerle 1957 eingeführten und auf den Namen der Firma patentierten hydraulischen Achsausgleich. Unebenheiten in der Fahrbahn ließen sich damit noch besser egalisieren und das ohne hoch bauenden Wipprahmen. Nutzlasten von 100 Tonnen wurden auf diese Weise realisierbar. Zur selben Zeit arbeitete man in Pfedelbach bereits an einem neuen Projekt, welches die Grundlage für das spätere Kerngeschäft der Firma darstellte, nämlich am selbstfahrenden Schwerlasttransporter. Das 1958 vorgestellte Fahrzeug mit hydrostatischem Zusatzantrieb war der erste Schritt zu den vielen Selbstfahrern, die es seitdem von Scheuerle gegeben hat. Auch auf diese Technik halt Scheuerle ein Patent. Den hydrostatischen Antrieb – Direktantrieb auf das Rad durch Öldruck – als besonders leistungsfähige Anwendung für stufenloses Fahren auf die Belange des Schwerlasttransports zu übertragen, war der Grundgedanke von Willy Scheuerle. Die ersten Selbstfahrer liefen auf Betriebsarealen, wie beispielsweise die neuartigen Schiffssektionstransporter, die auf Werften Schiffssektionen von mehr als 2000 Tonnen bewegten.

Typisch Scheuerle: Zwei Schwerlastmodule transportieren auf dem Werftgelände einen Schiffsmotor. *Foto: Scheuerle*

Nicht nur dort, sondern auch für die Transporte auf der Straße brachte die Vielweglenkung aus dem Jahre 1972 wesentlichen Fortschritt. Die Plattformwagen können seitdem in Querfahrt, Diagonalfahrt und im Kreis bewegt werden. Kombiniert mit dem hydrostatischen Antrieb entpuppte sich die hydraulisch gelenkte und hydraulisch abgestützte Pendelachse als Universallösung für eine exakte Lenkkraftübertragung sowie gut beherrschbare Pendelbewegungen und Höhenausgleiche.

Modulare Plattformwagen aus dem Baukasten

Eine in der Geschichte des Hauses sehr wichtige Weichenstellung erfolgte im Jahr 1981 mit der Einführung des Baukastensystems für Plattformwagen. Bis heute sind diese modularen Plattformwagen Rückgrat der Fertigung, wobei die Baureihe Euro Combi die leichtesten und schmalsten stellt: 2,50 und 2,75 Meter Fahrwerksbreite, Achslast 23 Tonnen. Darüber liegen Flat Combi (2,75 und 3,00 Meter, 23 Tonnen) und Inter Combi (3,00 und 3,10 Meter, 36 Tonnen). Die Neuheit von 1983 war nicht nur die erste Komponente in einem wahrhaft vielseitigen Baukastensortiment mit zahlreichen identischen Anbauteilen, sondern brachte auch die hydraulisch abgestützte Pendelachse auf die Straße. Mit ihrer Hilfe lassen sich weit besser als nur mit dem Achsausgleich Unebenheiten in der Straße überwinden. Nebeneinander, hintereinander, in Kurz-, Lang- oder Breitfassung, mit nur einem Modul (für Sattelauflieger im Straßentransport), zwei oder bis zu zehn Modulen – der 1981 begonnene Baukasten ist ein riesengroßes Puzzle.

Einen kräftigen Rücken braucht der Werfttransporter für das rund 500 Tonnen schwere Schiffsteil. *Foto: Scheuerle*

Am anderen Ende der Palette folgte als nächster Entwicklungsschritt 1983 das automatisch angetriebene, fahrerlose Transportsystem für den ferngesteuerten und programmierten Einsatz auf Werksarealen, der Self-Propelled Modular Transporter (SPMT). Fahrantrieb, Lenkung und Hub sind hydrostatisch gesteuert, mit Energie versorgt von einem externen Antrieb (Power Pack). Es gibt SMPT-Module mit drei, vier, fünf, sechs und acht Achslinien bei einer Achslast von maximal 60 Tonnen. Was bei der Premiere noch niemand ahnen konnte: Die hauseigene Bezeichnung SMPT sollte sich in der Branche als Begriff durchsetzen.

Zu den Verdiensten der Firma gehört es, mit ihren Werfttransportern den Schiffsbau revolutioniert zu haben. Mit ihnen wurde es möglich, von der herkömmlichen Plattenbauweise auf Sektionsbauweise umzustellen. Die Werfttransporter als spezielle Variante der Modultransporter – Nutzlast rund 400 Tonnen – mit ihrer Kabine unterhalb der breiten Plattform lassen sich zusammenkoppeln und steuern. Auf diese Weise bewegen sie Schiffssektionen bis zu einem Gewicht von 2000 Tonnen.

Neuformation in Firmengruppe Rettenmeier

Auch technische Höchstleistung und eine gute Marktposition bewahren eine Firma nicht sicher vor finanziellen Schwierigkeiten. Ende der achtziger Jahre kriselte es bei Scheuerle. Die Krise wurde gemeistert, auch wenn 1989 das Ende des Familienunternehmens Scheuerle kam. Die Firma Scheuerle blieb aber bestehen, die Firmengruppe Rettenmeier aus dem nahen Heilbronn erwarb die Scheuerle Fahrzeugfabrik GmbH und ordnete die Geschäfte neu. 1994 erfuhr das Haus Scheuerle eine weitere wesentliche Festigung: Der Investor Otto Rettenmeier (1926–2020) gründete die Transport Industry International (TII) als Holding. Sie tritt seitdem als alleiniger Eigentümer von Scheuerle auf und erwarb 1995 den französischen Wettbewerber Nicolas. Auch Kamag mit seine Spezialtransportern gehört zu TII.

Trafotransport auf zwölf Achslinien: Schwerlastmodul K 25, kombinierbar auch für schwere Lasten. *Foto: TII Scheuerle*

Die technische Entwicklung schreitet schnell voran. So wird ab 1996 aus den Plattformwagen Inter Combi auf Wunsch durch Hinzufügen einer Antriebseinheit (Power Pack Unit/PPU) ein Selbstfahrer. Es ist koppelbar, wird von außen gesteuert und ersetzt – obwohl „nur" 330 P5 stark – ein bis zwei Zugmaschinen. Ein Inter Combi in sechs Achslinien und einer PPU wiegt selbst 30 Tonnen (davon gehen 5,5 Tonnen zu Lasten der PPU), kann aber bis 186 Tonnen transportieren. Immer mehr konzentriert sich Scheuerte auf seine Baureihen Inter Combi, Flat Combi und Euro Combi. Sie reichen bis in den Bereich von 80 Tonnen Nutzlast hinab. Respektabel die Tragkraft der Achslinien: 20 Tonnen (Euro Combi), 25 Tonnen (Flat Combi) und 36 Tonnen (Inter Combi). Im Jahre 2002 folgen hydraulisch betätigte Scheibenbremse in einer für diese Art von Bremse ganz neuen Dimension.

Die dritte Generation der großen, selbstfahrenden Modultransporter bietet eine neue Stufe der Elektronik in Form von Fahrprogrammen, eine höhere Dehnfestigkeit und das günstige Verhältnis von Nutzlast zu Eigengewicht von 9:1.

Im Jahre 2025 zeigt sich das Programm von Scheuerle für den Straßentransport dreigeteilt: Tiefbettauflieger, modulare Plattformwagen und selbstfahrende Modultransporter.

Montage der Rotorblattaufnahme am Dolly des Rotorblatt-Transportsystems. *Foto: TII Scheuerle*

Ab in die Höhe, wenn die Kurven zu eng werden: Blade Lifter von Scheuerle. *Foto: TII Scheuerle*

Mit Blick auf marode Infrastruktur: Gemeinsam haben die Spedition Kübler und Scheuerle eine ultraleichte Seitenträgerbrücke einschließlich neuer Achsmodule für den Transport von Transformatoren entwickelt mit dem Ziel, die Achslasten deutlich zu verringern. Richtschnur war die ausschließliche Anwendung im Transport von Transformatoren unter Verzicht auf eine Nutzung für alle Zwecke. Ein wichtiger Schritt dahin war die Verlegung des Lastverteilrahmens aus der Brücke in die Module. Dafür bauen die Module aus der Reihe Combi L 13 etwas höher als üblich. Innovative Fertigungstechniken und neue Materialien haben das Gewicht der Seitenträgerbrücke 320 (die Zahl steht für die Nutzlast) um 50 Tonnen verringert. Damit sinkt die Achslast um mehr als zwei Tonnen auf unter zwölf Tonnen, was eine erhebliche Erleichterung in den Genehmigungsverfahren nach sich zieht. *Foto: TII Scheuerle*

Die kleinsten Ausführungen der Reihe Euro Compact mit den Typen U9, U18 und U19 sind prädestiniert für den Transport schwerer Maschinen. Sie nehmen zwischen 36 und 48 Tonnen Nutzlast auf. Es gibt die mit dem Tiefbett kombinierten Module zwei- und dreiachsig. Als U7, U13 und U15 decken sie den Nutzlastbereich bis 128 Tonnen ab bei einer Achslast von 12 bis 13,6 Tonnen. Bis zu zehn Achsen (vier vorn, hinten sechs) sind möglich. Als Spezialität gibt es die liftbare SmartAxle, gedacht zur Schonung bei Leerfahrten. Speziell für den Transport von Rotorblättern für Windkraftanlagen hat der Hersteller seine RotorBlattTransport-Systeme (RBTS) entwickelt, im Kern bestehend aus einem zweiachsigen Dolly und einem vierachsigen Nachläufer.

Unter den modularen Plattformwagen ist der Intercombi der vielseitigste, denn ihn gibt es auch mit Powerpack. Zwei bis sechs Achsen (45 Tonnen Achslast) sind möglich. Der K 25 ist der aufwendigste, entwickelt für besonders hohe Beanspruchung. Er bietet ein hohes Biegemoment, um lange Ladungen und hohe Schwerpunkte der Ladung zu verkraften.

Die Zukunft hat begonnen: Electric Drive auch im Schwerlastverkehr. *Foto: TII Scheuerle*

Vollelektrische Powerpack-Einheit

Drei Ausführungen gibt es bei den selbstfahrenden Modultransportern – neben dem Intercombi die Typen Power Hoss und den K 24. Die Daten sind imposant: 530 PS, hydrostatischer Antrieb, eine Achslast von 60 Tonnen, der Achsausgleich schafft 700 mm. Die vielfach kombinierbaren Module reichen von vier bis acht Achsen. Und seitdem es die vollelektrische Powerpack-Einheit (ePPU) gibt, eröffnet sich dem Anwender eine neue Dimension. Sie ermöglicht es, den CO_2-Fußabdruck des Schwertransports zu verkleinern, lokale Emissionen zu vermeiden und in einer geräuschärmeren Umgebung zu arbeiten. Das spielt auch bei Arbeiten in geschlossenen Räumen und in Tunneln eine gewichtige Rolle. Scheuerle sagt seiner Kundschaft zu, dass die vollelektrische Einheit dem leistungsstärksten Diesel-PPU in nichts nachsteht, die Batteriepacks sind demnach so dimensioniert, dass ein ganzer Arbeitstag ohne Zwischenladen möglich ist.

Fahrzeuge der Scheuerle Fahrzeugfabrik GmbH
D 74629 Pfedelbach
www.tii-group.com/de/tii-scheuerle

- Tiefbettauflieger (Eurocompact, bis 128 Tonnen Nutzlast)
- Modulare Plattformwagen (Intercombi, K 25) als Anhänger mit Pendelachsen (80–1000 Tonnen Nutzlast, 26 bis 45 Tonnen Achslast), in Kombination mit Antriebseinheit auch als Selbstfahrer (Intercombi)
- Selbstfahrende Modultransporter (SMPT, SMPT Power Hoss, K 24, Achslast 45 bis 60 Tonnen)
- Spezialtransporter für industriellen Einsatz (Hubtransporter, Gießpfannentransporter, Schlacke-Kübeltransporter, U-Rahmen-Transporter, Portalhubwagen, Werfttransporter, Waggon-Umsetzer, fahrerlose Transportfahrzeuge)
- Belegschaft: 550 Mitarbeiter

NX NIPPON EXPRESS

05 SCHWERTRANSPORT IN DEUTSCHLAND

Foto: Cometto

Die Polizei überprüft nicht nur die Schwertransporte, sondern sichert sie auch gegenüber den anderen Verkehrsteilnehmern.
Foto: Heinz-Toni Sesterheim

Genehmigungen und Bürokratie

Zwei Paragrafen der deutschen Straßenverkehrsordnung (StVO) beschäftigen die Disponenten der Schwerlastspediteure permanent: §46 verlangt eine Ausnahmegenehmigung für einen Transport, wenn allein die Ladung Übermaß aufweist. Zusätzlich regelt §29 die gleichen Dinge, wenn nicht die Ladung, sondern das Fahrzeug größer als erlaubt ist. Hier wird jede einzelne Fahrt explizit und streckengebunden geregelt. Weiter kommt die Straßenverkehrszulassungsordnung (StVZO) ins Spiel: §70 regelt die Zulassung von Fahrzeugen mit Übermaß, die Genehmigung ist also fahrzeugbezogen und gilt für kleinere Fahrzeuge dauerhaft. Ab gewissen Grenzwerten wird die Zulassung nur für den konkreten Transport, auf konkreter Strecke und mit einem Gültigkeitszeitraum erteilt. Wirklichkeit wird der Transport aber erst mit Erfüllung der Paragrafen 29 und 46.

Den Antrag stellt die Spedition bei der Kommune. Diese prüft die Angaben zu Transport und Strecke und gibt den Antrag an alle zuständigen Landkreise, Städte und Bundesländer weiter. Deren Entscheidungen fasst die erste Behörde dann im Erlaubnisbescheid zusammen. Zentrale Punkte sind die Abmessungen der Ladung, das Gesamtgewichts des Transportes sowie die Achslasten- und abstände, die Zahl der Räder pro Achse und die Spurweite. Seit 2021 gilt die Regelung, dass (nur) zwei Behörden zuständig sind. Diejenige, in deren Bereich der genehmigungspflichtige Transport beginnt und die, in deren Bereich der Antragsteller seinen Sitz hat. Zuvor war diese Regelung aufwendiger gestaltet.

Was auf den ersten Blick gar nicht so kompliziert klingt, ist für die Branche eine große Herausforderung, da die Wartezeiten auf den Bescheid lang sind und viele Stellen aufwendig koordiniert werden sollten. Vor Antragstellung hat die Projektplanung schon die eigentliche Arbeit mit Auswahl der genauen Strecke geleistet (Straßenbreite, Straßenzustand, Sperrungen, Kurven, Abbiegesituationen, Tragfähigkeit und Durchfahrtshöhen von Brücken, Sperrzeiten für Autobahnen an bestimmten Tagen). Auch die Wahl der auf den Transport zugeschnittenen Fahrzeuge ist dann bereits geschehen ebenso wie gegebenenfalls die Verknüpfung mit anderen Verkehrsträgern, wenn Binnenschiff oder Eisenbahn in Frage kommen. Schließlich sind für die zeitliche Kalkulation des Transports verschiedene Limitierungen zu beachten: Schwertransporte dürfen generell nur von 22 Uhr sonntags bis 6 Uhr samstags durchgeführt werden, wenn mit wenig Wochenendverkehr gerechnet wird.

Als Besonderheit erlauben die Behörden Schwertransporte (Breite bis 3,20 Meter) vorrangig nur in sogenannten verkehrsärmeren Zeiten, sodass zwischen 6 Uhr und 8:30 Uhr und zwischen 15:30 Uhr und 19:00 Uhr keine Transporte durchgeführt werden dürfen. Gibt es Überbreite, ist wieder alles anders. Jetzt regiert die Nacht zwischen 22 Uhr und 6 Uhr. Gültig sind die Erlaubnisse bei ganz kleinen Überschreitungen bis zu einem Jahr. Normalerweise aber maximal drei Monate. Sobald aber Baustellen zeitweise den Transport unmöglich machen, kann eine Genehmigung auch nur ein paar Tage gültig sein. Es ist für die Disponenten wie ein Lotteriespiel, mit welchem Gültigkeitszeitraum der Bescheid ausgestellt wird.

Maße und Gewichte

Ohne Genehmigung: Maße (in Meter): Breite 2,55, Höhe 4,00, Länge 18,75, Gewicht (in Tonnen): 40 bei fünfachsigen Lastzügen, maximal 44 Tonnen als Ausnahme für den kombinierten Verkehr von Containern zum nächsten Bahnhof oder Hafen.

Schwerlasttransport auf öffentlichen Straßen mit Ausnahmegenehmigung:
Hier gibt es vier Gruppen:

- Schwertransport, Gesamtgewicht mehr als 44 Tonnen (Maschinenteile, Baumaschinen)
- Großraumtransport: Abmessungen oberhalb der allgemeinen Vorschriften (breite Gebäudeteile, großdimensionierte Röhren)
- Großraum- und Schwertransporte: Abmessungen und Gewicht oberhalb der allgemeinen Vorschriften (Turbinen, Reaktorbauteile, Brückenteile, Antriebe von Windkraftanlagen)
- Langtransporte: Überlänge von mehr als 20 Metern (zum Beispiel Flügelblätter einer Windkraftanlage, Stahlträger)

Nebenbei: Die technisch mögliche Achslast ist viel höher als die auf der Straße erlaubte: Die Kombination Zugmaschine mit drei Achsen und Modultransporter mit 16 Achsen im Schlepp hat eine erlaubte Nutzlast von 145,4 Tonnen, technisch eine Nutzlast von 274,4 Tonnen.

Absicherung können auch Begleitfahrzeuge der Speditionen leisten. *Foto: Baumann*

Knackpunkte beim Schwertransport in Deutschland aus Sicht der Spedition Baumann

Wo klemmt es denn bei der Vorbereitung eines Schwertransports aus Sicht der Speditionen? Sabine Baumann-Duvenbeck, Geschäftsführerin bei Viktor Baumann in Bornheim bei Bonn, hat die Knackpunkte schnell parat: Sie fordert eine pauschale Genehmigung von einer Dienststelle aus zumindest für Transporte bis 100 Tonnen und einheitlich bundesweit gültige Regeln. Denn momentan sind je nach Transport zwischen sechs und 15 Behörden zu kontaktieren. Der Rücklauf dauert, bei Ablehnungen muss ein erneuter Anlauf erfolgen. Tatsächlich hat sich die Genehmigungsdauer in einer Behörde nach Erfahrungen von Baumann von zehn Tagen in der Ära des Faxgeräts auf bis vier Wochen im eigentlich digitalen Zeitalter verlängert – oft geschuldet dem Personalmangel und wechselnden Besetzungen in den Behörden. So kommt es, dass im Extremfall die Kosten für die Genehmigung höher sein können als für die Planung der eigentlichen logistischen Leistung.

Ist der Überhang auch noch so klein, er hat in den Genehmigungsverfahren eine hohe Bedeutung. *Foto: Broshuis*

Schlaglichter aus dem Alltag

Wenn eine Spedition im Monat 120 Anträge an die zuständige kommunale Behörde sendet und dort zwei Vollzeitkräfte arbeiten, sind Wartezeiten vorprogrammiert. Dazu kommt, dass kurzfristige Änderungen in der Genehmigung nicht möglich sind. Eine Anpassung der Zugmaschine geht bislang nur dann, wenn die Maße absolut identisch sind. Oder es taucht dieses Problem auf: Existiert ein 120-Tonnen-Kran von Liebherr und einer von Terex und das Achsmaß zwischen Achse eins und zwei differiert um fünf Zentimeter, lassen sich beide nicht in dieselbe Genehmigung fassen, es müssen also zwei geschrieben werden. Geschieht das nicht und fällt beispielsweise der Liebherr-Kran aus, kann man nicht einfach den Terex schicken – auch wenn beide Kräne in Länge, Breite, Höhe und Gewicht identisch sind. Dasselbe gilt für Zugmaschinen und auch Auflieger.

Angaben zur Strecke basieren sehr viel auf eigenen Erfahrungswerten, denn es gibt kaum offizielle Dokumente, die besagen, welche Brücke wie hoch ist oder mit wie vielen Tonnen sie maximal belastet werden darf. Und die vorhandenen Angaben sind oft veraltet und nicht mehr aktuell. Deshalb haben sich Speditionen eigene kleine Netzwerk aufgebaut. Kooperative Behörden tragen dann mit aktuellen Daten dazu bei.

Es wäre deutlich einfacher, wenn es in den Behörden feste Ansprechpartner für die Disponenten gäbe, mit denen zusammen sich eine Strecke besprechen ließe statt etwa fünfmal einen Antrag schicken zu müssen. Das klappt auch in einigen Fällen, jede Spedition ist froh darüber.

Ein weiterer großer Punkt sind die begrenzten Fahrzeiten. Auf der Autobahn darf zwischen 22.00 Uhr und 06.00 ge-

Wenn der Transport rollt, ist die Arbeit eigentlich schon gemacht … *Foto: Baumann*

fahren werden, über Land zwischen 19.00 und 06.00 und 09.00 und 16.00. Da fängt das Tüfteln an. Und wenn man eigentlich um Punkt 22.00 starten will und die Polizeidienststellen genau dann Schichtwechsel haben, ist die erste halbe Stunde schon verloren.

Was ist lästig bei den Genehmigungsverfahren?

Disponenten in den Schwerlastspeditionen können im großen Gemeinschaftschor ein Lied davon singen, wie kompliziert die Genehmigungsverfahren in Deutschland sein können. Dabei ist den Verantwortlichen klar, dass wichtige Vorschriften auch zu beachten sind. Schwere Transporte werden meist Monate im Voraus geplant. Brücken werden nachgerechnet und alle Gefährdungen ausgeschlossen. Eine Nachfrage bei den Unternehmen ergab als Quintessenz diese Lästigkeiten als typische Beispiele:

- Lästig ist die Vorgabe „Regelung und Richtlinien für die Berechnung und Bemessung von Ingenieurbauten (BEM-ING)“ und zwar in Teil 3 „Berechnung von Straßenbrücken im Bestand für Schwertransporte“. Denn rein anhand der Achslasten wird vorgegeben, ob ein Bauwerk berechnet werden muss oder nicht.

Als Beispiel: Eine Stecke von 180 km wird seit 30 Jahren alle 14 Tage mit Transporten mit 16t Achslast befahren. Es sind regelmäßige Fahrten für einen Maschinenhersteller. Dazu mussten bislang ca. zehn Bauwerke nachgerechnet werden, die restlichen waren stabil genug und wiesen auch nach 30 Jahren keine Schäden auf. Nach Einführung der BEM-ING sollten nun alle 100 Bauwerke nachgerechnet werden einschließlich eines Monitorings (Messung der Durchbiegung bei Überfahrt).

Da die Kosten für diesen Aufwand je Fahrt im sechsstelligen Bereich liegen, hat der Hersteller seine Produktion verlagert. Von diesen krassen Fällen gibt es allein in Bayern drei große Anlagenbauer, die so entschieden haben, nachdem Bayern als erste die BEM-ING eingeführt hatten.

Was ist in der großen Kiste? Diese Frage kann zu Problemen bei Genehmigungen führen. *Foto: Faymonville*

- Lästig ist der riesige Verwaltungsaufwand, wenn man statt Polizei mit eigenen Begleitfahrzeugen den Transport absichern möchte. In den Nachbarstaaten läuft es deutlich pragmatischer ab.
- Lästig ist das Thema Achsabstände, die ab 40 Tonnen Gesamtgewicht exakt angegeben werden müssen. Es gibt keine Toleranzwerte, obwohl jeder Statiker bestätigt, dass bei einem Unterschied von beispielsweise 10 cm das Bauwerk nur unmerklich anders belastet wird. Wird bei einer Kontrolle eine geringe Abweichung festgestellt, erlischt die Genehmigung und man wartet auf eine neue. Warum darf man stattdessen nicht einfach eine Zugmaschine tauschen oder einen nahezu gleichen Auflieger einsetzen?
- Sehr lästig ist Haarspalterei dieser Art: Da wird eine Genehmigung für einen Autokran angezweifelt, weil die Typenbezeichnung nicht genannt wird, obwohl Achslasten und Achsabstände sowie Abmessungen exakt abgegeben sind.
- Es werden Transporte stillgelegt, weil der beantragte Überhang nach hinten zu kurz (!) ist.
- Es werden Transporte stillgelegt, weil als Ladegut eine „Kiste" angegeben ist und nicht „Maschine, verpackt in Kiste".
- Lästig ist die die Trennung von StVO und StVZO: Gemäß Straßenverkehrsordnung (StVO) wird ein übergroßer Transport beantragt, damit alle beteiligten Behörden prüfen, ob der Transport durchführbar ist und unter welchen Bedingungen.
- Wenn das Fahrzeug aber selbst auch übergroß ist, muss es nochmals gemäß Straßenverkehrszulassungsordnung (StVZO) für jeden einzelnen Transport geprüft werden. Also prüfen verschiedene Behörden parallel, ob dieses große Fahrzeug zugelassen werden kann, dabei werden alle beteiligen Länder befragt.

06 DIE TRANSPORTE: ALLTAG UND REKORDE

Foto: Goldhofer

Das Vorspiel: Auf dem Wasserweg gelangt U17 im Jahr 2023 von Kiel nach Speyer – hier auf dem Nordostseekanal an der berühmten Brücke von Rendsburg. *Alle Fotos: Technikmuseen Sinsheim-Speyer*

Präzise durchgeführtes Abenteuer: 29 Tage mit dem U-Boot auf der Straße

Wie soll das zusammenpassen? 49,6 Meter in der Länge – das sind elfeinhalb Personenwagen in einer Reihe –, sechs Meter in der Breite – entsprechend zweier Omnibusse mit 90 Zentimetern Zwischenraum nebeneinander – und zehn Meter in der Höhe auf der einen Seite, eine Straßenbreite von gut drei Metern und bis acht Meter hohe Häuser auf der anderen. Vom Eigengewicht 330 Tonnen und dem Zuggesamtgewicht von 529 Tonnen ganz zu schweigen, das über 39 Kilometer Autobahn, Landstraße und Ortslagen zu rollen hatte. Das war der Transport des Jahres, vielleicht der des Jahrzehnts, was die Aufmerksamkeit in den Medien und entlang der Strecke angeht. Und auch bei der Planung und Durchführung. Gefahren wurde mit zwei Mercedes-Benz Actros Schwerlastzugmaschinen im Schiebebetrieb und einem MAN an der Spitze. Zeitweise kam ein dritter Actros an die Spitze. Die Ladung ruhte auf insgesamt acht Intercombi-Modulen von Scheuerle in 30 Achslinien.

Vermutlich haben noch nie so viele Menschen Anteil genommen an einer Fahrt eines Unterseebootes wie hier, vor Ort ebenso so wie in allen Medienformen. U17 der deutschen Bundesmarine, erbaut 1973, außer Dienst gestellt 2010, wurde 2023 auf dem Wasserweg von Kiel nach Speyer ins dortige Technik-Museum gebracht. Gut ein Jahr später ging es dann auf seine allerletzte Reise, fuhr noch einmal auf dem Wasser, wenn auch trockenen Fußes, von Speyer nach Mannheim auf dem Weg zum Zielort Sinsheim, dem endgültigen Standort. In Mannheim begann das präzise durchgeführte Großprojekt, das schon von außen betrachtet wie ein Abenteuer wirkt.

Erste Phase: Das U-Boot wird vom Schiff geholt. Die Schwerlastzugmaschine MAN TGX vor Schwerlastmodulen von Scheuerle mit 30 Achsen.

Es dauerte 29 Tage. Den Hut hatte die Spedition Kübler, beheimatet im süddeutschen Michelfeld, auf. Deren erfahrene Spezialisten organisierten alle theoretischen und praktischen Vorgänge von A bis Z. Genehmigungen einholen, Brücken statisch überprüfen und die Benutzbarkeit nachweisen, Sperrung des Neckars, Sperrung von zwei Bahnlinien und Anhebung der Oberleitungen, zweimalige Sperrung der Autobahn A6, tagelange Sperrungen von Landstraßen, Abschaltung und Abbau von Strom- und Telefonleitungen, Baumschnitt im Straßenprofil, Befestigung enger Kurven und Inseln mit Lastverteilplatten, Demontage vieler Verkehrszeichen und Schutzplanken, Details zuhauf, von denen keines vergessen oder falsch beurteilt werden durfte.

Der Kniff mit dem Drehen

Vieles davon ist Routine für die Schwerlastprofis, anderes war dann aber doch ganz besonders, wie zum Beispiel das Kippen. In seiner stolzen Höhe passte das U 17 nicht unter Fluss- und Straßenbrücken und andere Hindernisse. Die Lösung war eine spezielle Drehvorrichtung, die es ermöglichte, die Ladung um 73 Grad zu kippen und für schmale Stellen wieder in die Senkrechte zurückzudrehen. So konnten alle Engstellen gemeistert werden, oft mit nur wenigen Zentimetern Spielraum. Insgesamt wurde das U-Boot 14mal auf der Strecke gedreht. Dieses Drehen der Höhe zur Breite war der entscheidende Lösungsweg für das gesamte Projekt.

Die Dauer des Projekts stellte auch für erfahrene Schwerlastlogistiker eine große Herausforderung dar – in sehr enger Zusammenarbeit mit den Technik-Museen Speyer und Sinsheim. Die fast vierwöchige Reise war geprägt von ständiger Zusammenarbeit, vielen privaten Entbehrungen und täglichen neuen Herausforderungen. Zu den Aufgaben gehörten Montagearbeiten, Rangieren durch Kreisverkehre und enge Ortschaften, Bewältigung von Steigungen und Gefällen mit bis zu vier Zugmaschinen, und das ständige wachsame Auge für Technik, Durchführung und Organisation. Hunderte, manchmal tausende Schaulustige verfolgten den Transport respektvoll aus sicherer Entfernung.

Abendliche Pause an der Autobahn: Die Schwerlastmodule werden überprüft.

Immer diese Kreisverkehre: Jeder Zentimeter wird gebraucht.

Spannung in Bad Rappenau: Dachrinne und U-Boot kommen sich ziemlich nahe.

Wenn nötig in Querlage: 14mal gab es dieses Manöver auf den zurückgelegten 39 Kilometern.

Herausforderung Straßenbreite: Ab und zu müssen auch unbefestigte Streifen befahren werden.

Kurz vor dem Ziel: Der Konvoi bewegt sich durch das Gewerbegebiet, in dem das Technik-Museum Sinsheim zu Hause ist. Zuschauer sind auch schon da.

Von der Landstraße in Bayern bis zum Seehafen Bremen: Wärmetauscher unterwegs

Aus der Kleinstadt Trachtering in Südbayern nach British Columbia an der Westküste von Kanada – eine lange Reise für die Wärmetauscher von Linde Engineering, durchgeführt von der Spedition Baumann. Die Aggregate gehören zu einer Erdgasverflüssigungsanlage (LNG) und haben darin die Aufgabe, aus Wärme Energie zu erzeugen. Die stattlichen Stücke sind rund 78 Meter lang, 6,50 Meter breit und 7,60 Meter hoch. 278 beziehungsweise 274 Tonnen sind sie schwer.

Die ganze Aktion fand im Sommer 2021 zum zweiten Mal nach der Erstlieferung im Oktober 2020 statt. Insofern hatte die Baumann-Crew kein Neuland vor sich, als nacheinander drei Schwertransporte das Werk van Linde Engineering in Trachtering in Richtung Hafen Passau-Schalding verließen. Vier Tage Fahrt waren zu bewältigen. Eine besondere Herausforderung lag in verschiedenen Steigungen, zum Teil auch bei feuchter Fahrbahn. Teilweise wurden bis zu fünf Zugmaschinen – MAN TGX und Mercedes-Benz Actros – benötigt, vier ziehend und eine schiebend. Die Schwerlastmodule stammten von Goldhofer (THP/SL-L, 26 Tonnen Achslast und 200 Tonnen auf dem Drehschemel). Die Ladung ruhte auf zwei großen Modulen mit 16 beziehungsweise 18 Achsen. Unter dem Strich stand ein Zuggesamtgewicht von maximal 433 Tonnen.

Von Passau fuhr die ungewöhnliche Ladung per Schiff über die Donau, den Main-Donau-Kanal sowie über diverse Binnengewässer nach Bremen zur Verschiffung über den Atlantik.

Jedes Detail will beachtet sein: Rangierarbeiten auf der Strecke. *Fotos: Baumann*

Die Höchstanforderung an Schwerlastzugmaschinen: Steigung und nasse Fahrbahn. Fünf Fahrzeuge bringen den Wärmetauscher voran.

Scheuerle Schwerlastmodul „InterCombi“ bei einem Transport auf einer öffentlichen Straße. *Foto: TII Scheuerle*

Alles im Blick – mit Ruhe und Übersicht dirigieren die Leute von Kahl den Schwerlastzug durch den Tunnel.

Rangierarbeiten vor der Kurvenfahrt – die Brücke ruht auf parallel montierten Achslinien. *Fotos: www.hadel.net*

Die engen Grenzen eines Tunnels – Herausforderung Riesentrafo

Der Energieverbrauch in der Welt steigt und bricht alle Rekorde – da ist es folgerichtig, dass Extremwerte auch den Schwertransport erreichen und Rekorde gebrochen werden. Dazu kam es vermutlich bei einem Transport eines Transformators im Jahr 2018. Das Zuggesamtgewicht von 875 Tonnen – der Transformator brachte 535,5 Tonnen mit – ist zwar kein Rekord für Schwertransporte an sich, aber wohl für die Durchfahrt von städtischer Bebauung. Entsprechend hoch waren die Anforderungen an die Kahl Unternehmensgruppe aus Moers auf der nur wenige Kilometer langen Strecke vom Siemens-Werk bis zum Nürnberger Hafen. Eine Zugmaschine von Mercedes-Benz aus der zweiten Actros-Serie (860 PS) stand an der Spitze. Die zweimal 20 Achslinien stammten von Goldhofer ebenso wie die Seitenträgerbrücke.

Die kurze Strecke hatte zwei echte Knackpunkte zu bieten. Ein Tunnel mit leichter Biegung ließ oben und an den Seiten nur Zentimeter Platz, speziell in der Biegung für die Träger der Brücke wurde es richtig eng. Der Zug war 63 Meter lang, durch parallele Koppelung der Schwerlastmodule samt Powerpacks, konnte etwas an Länge eingespart werden. Vor dem Tunnel war ein Linksknick von 100 Grad zu bewältigen, Rangierarbeiten der vorderen Modulgruppe sicherten den exakt richtigen Punkt für die reibungslose Kurvenfahrt. Das alles ergab spektakuläre Bilder, die von großen Zuschauergruppen verfolgt wurden. Der Rekord war da nur eine willkommene Zugabe...

Ob Ost oder West: Dieses Bild fasziniert alle am Schwerlasttransport Interessierten – vier Faun 1206W vor dem 900 Tonnen schweren Reaktor auf dem Weg nach Leuna. *Fotos: Baumann*

Aufträge von drüben – Baumann fuhr in der DDR

Die Schwerlastspedition Victor Baumann in Bornheim bei Bonn genießt schon lange einen guten Ruf in der Branche, auch schon zu Zeiten der deutschen Teilung in zwei Staaten von 1949 bis 1989. Dennoch war es eine Überraschung, als aus der nach Westen stark abgeschotteten Deutschen Demokratischen Republik (DDR) Geschäftsbeziehungen zu Baumann in der Bundesrepublik Deutschland geknüpft wurden. Zumal es um Transportaufträge der staatlichen Spedition Deutrans innerhalb der DDR ging, die ohne übliche Gegenleistung oder Tauschgeschäfte allein in westlicher Währung zu bezahlen waren. Der Mangel an Devisen hatte die Wirtschaft in der DDR über die 40 Jahres ihres Bestehens permanent beschäftigt.

Für besonders schwierige und wichtige Transportaufgaben wurden sie aber dann doch locker gemacht. Einer der Gründe lag wohl am Mangel geeigneter Fahrzeuge aus eigener Produktion und derer befreundeter sozialistischer Staaten. Die Alternative zur eigenen Fahrzeugbeschaffung im Westen lag dann in der Beauftragung einer Spedition von dort mit der notwendigen Ausrüstung. Das hatte während der Transporte natürlich den Effekt, dass die Zugmaschinen und Tieflader von Baumann starke Beachtung bei Passanten fanden, wo schon jedes gewöhnliche Westauto irgendwie auffiel. Neugierde weckten auch die Baumann-Mitarbeiter – man kann davon ausgehen, dass die Geheimdienstler der Staatssicherheit ein Auge darauf hatten, wenn es zu näheren Kontakten zwischen Ost und West kam... Andererseits wirkten die sehr aufwendigen Transporte für sich schon so spektakulär, dass wohl auch anderswo Neugierige Spalier gestanden hätten.

Das gilt ganz besonders für den Transport eines Reaktors, 900 Tonnen schwer, Bestimmungsort war im Jahr 1971 der Chemiestandort Leuna. Hier sicherte sich Baumann die Hilfe der Kollegen von Pieper aus Dortmund. Teilweise zogen vier Zugmaschinen L 1206W von Faun, jeweils 450 PS stark, die Ladung über die 60 Kilometer lange Strecke, Steigungen bis 15 Prozent inklusive. Eine Woche nahm der hochkomplizierte Transport in Anspruch.

Noch eine der kleineren Übungen unterwegs: Stahlplatten werden verlegt, damit der Schwerlastzug passieren kann. Rechts ein Autodrehkran aus der DDR auf Basis des IFA S 4000-1.

Es passt – die voluminöse Ladung wird am Rostocker Stadttor vorbeigeführt.

Nah am Zaun, aber doch auf der sicheren Seite – kurzer Stopp bei einer Ortsdurchfahrt in der DDR.

Perfektes Abbiegen mit Ziehen und Schieben – 82 Meter Länge sind zu dirigieren. *Foto: www.hadel.net*

445 Tonnen vom Kanalhafen zur Konverterstation

Die Konverterstation Garrell-Ost wartet auf Transformatoren aus Japan, um künftig die Windkraft aus den Offshore-Anlagen auf hoher See in Wechselstrom umzuwandeln. Der dafür notwendige Transport auf der letzten Meile ist nicht unbedingt wegen der Entfernung ungewöhnlich, sondern eher wegen des Zuggewichtes und des Längenmaßes. Denn der Interkommunale Gewerbe- und Industriepark am Küstenkanal bei Cloppenburg im nördlichen Niedersachsen ist nur 35 Kilometer entfernt vom Ziel und gut vernetzt mit Anschlüssen an vier Bundesstraßen – ein typischer Umschlagplatz für Schiffe und Lkw und eine Logistikdrehscheibe für Projekte der Energiewende.

Respekt erfordert bei der vierstündigen Fahrt vor allem das Gewicht der Ladungen: 445 Tonnen mussten beim Transport im Jahr 2024 jeweils bewegt werden. Die Spedition Kübler hatte zwei MAN TGX 41.680 geschickt, an einigen Stellen unterstützte ein Mercedes Actros 4160 6x6 das Gespann. Das Gesamtgewicht für den 82 Meter langen Zug lag samt Ladung bei rund 730 Tonnen. Die Kesselbrücke ruhte auf Modulen mit vorn 15 und hinten zwölf Achslinien. Vor allem Kurvenradien ließen einige knifflige Aufgaben entstehen.

Schon im April 2023 hatte es einen ähnlichen Transport gegeben. Da wog der einzelne Trafo 239 Tonnen, das Gespann war 84 Meter lang. Die Kesselbrücke ruhte auf Modulen mit jeweils zwölf Achslinien. Nicht nur Abbiegesituationen gestalten sich auf dieser Strecke anspruchsvoll, sondern auch Höhenbegrenzungen …

Rekordfahrt auf der englischen Autobahn: Die MAN-Schwerlastzugmaschinen haben das Gussteil von 315 Tonnen Gewicht zwischen sich genommen. *Foto: Scheuerle*

Gussteil für die Produktion: Rekordgewicht braucht 216 Räder

Das größte, schwerste und je in einem Teil produzierte Gussteil mit einer Masse von 315 Tonnen galt es Anfang 2009 in England zu transportieren – und das mit einer ganz ungewöhnlichen Kombination von Scheuerle-Schwerlastfahrwerken. Das englische Spezialtransportunternehmen Collett Heavy Transport Ltd brachte die Ladung vom Produktionswerk der Sheffield Forgemasters Ltd zum Verschiffungshafen Goole. Von dort aus wurde das Gussteil auf dem Seeweg nach Antwerpen geschickt.

Im Einsatz waren Schwerlast-Kombinationsfahrwerke aus der InterCombi-Baureihe. Insgesamt 500 Tonnen brachte der 48 Meter lange und 6,7 Meter breite Schwerlastkonvoi auf die Straße. Das Besondere an der Scheuerle-Kombination bildete die Zusammenstellung aus drei Meter breiten Pendelachsfahrwerken, die seitlich um sogenannte „Spliteinheiten“ verbreitert wurden. Dabei handelt es sich um „halbe“ Kombinationseinheiten, mit denen eine dritte Pendelachsreihe angekoppelt und die Fahrzeugbreite auf fünf Meter vergrößert werden konnte. So waren bei diesem Transport 18 Achslinien mit jeweils 3 Pendelachsen im Einsatz. Die Schwerlastkombinationsfahrwerke rollten damit auf insgesamt 216 Rädern, die von Schwerlastzugmaschinen gezogen und geschoben wurden. Als Zugmaschinen setzte Collett vierachsige MAN TGA ein.

Luxusyacht für private Kreuzfahrten – auf den Goldhofer-Modulen (vorn sind die Power Pack-Einheiten zu sehen) trat die „Unbridled“ ihre wohl ungewöhnlichste Reise an. *Foto: Goldhofer*

Luxusyacht „ungezügelt“ zu Wasser gelassen

Luxus kann sehr gewichtig sein – 550 Tonnen bringt die Yacht „Unbridled“ (passend zum Ambiente bedeutet das „Ungezügelt“) mit. Bevor sie um das Jahr 2005 auf Jungfernfahrt gehen konnte, musste die US-amerikanische Firma Berard Transportation Inc. in New Iberia, Louisiana, tief in den Baukasten ihres Fuhrparks greifen. Es galt, die ganze Pracht vom Trockendock ans Wasser zu bringen. Die Yacht ist komplett aus Aluminium gebaut und hat die stolzen Abmessung von 58,2 m Länge und 10,4 m Breite, leistet mit ihren zweimal 2012 PS bis zu 13 Knoten Geschwindigkeit und bietet Platz für bis zu 25 Personen.

Zum Einsatz kamen 40 Achslinien der Goldhofer-Selbstfahrerkombination PST-SL/E mit elektronischer Vielweglenkung. Die Fahrzeuge waren im Verbund mit zweimal zwölf Achslinien und zweimal acht Achslinien mit jeweils einem Powerpack angeordnet. Dabei wurden die Powerpacks synchron geschaltet, um den Transport nur von einem Steuermodul aus bedienen zu können. Der Be- und Entladungsvorgang forderte den hydraulischen Achsausgleich von +/- 300 mm vollständig – das Schiff war in kürzester Zeit einsatzbereit im Wasser und wartete auf seinen Besitzer.

Über 23.000 Tonnen auf 880 Achslinien – das war im Mai 2024 neuer Schwerlastrekord. *Foto: TII Scheuerle*

Dreifacher Rekord auf dem Werftgelände

Dreimal Weltrekord im Schwertransport: So viel Achslinien wie noch nie (880), eine schwere Ladung wie noch nie (23.163 Tonnen) und ein Gesamtgewicht wie noch nie (26.900 Tonnen), das alles brachte diese Mammut-Transportaufgabe im Mai 2024 in den USA mit sich.

Die Ladung bestand aus dem Spezialschiff „Charybdis". Es wird gebraucht, um Turbinen, Rotorblätter und andere Elemente für Windkraftanlagen zu den Bauplätzen auf hoher See zu bringen. Seine genaue Bezeichnung: Wind Turbine Installation Vessel (WTIV). Der erste Weg des Spezialschiffes von der Werft an das Wasser war auch gleich der komplizierteste. Das Schwerlastunternehmen Fagioli aus Italien, Spezialist für ganz schwere Lasten, hatte die Aufgabe über seinen Sitz im US-Staat Texas übernommen. Für sie hatte die Firma insgesamt 880 SPMT-Achslinien von Scheuerle aufgeboten, bewegt von 28 PowerPack-Einheiten. Auf dem Wasser warteten drei parallel liegende Lastkähne, die das Schiff später langsam zu Wasser ließen.

Transporteur und Hersteller sind gleichermaßen stolz auf die Rekordfahrt. Für Scheuerle war es ein weiterer Beleg dafür, dass der Schiffsbau dank der Erfindung der SPMT-Achslinien, verfügbar seit den frühen 1980er Jahren, wesentlich flexibler geworden und immer noch für Rekorde gut ist.

285 Tonnen zwischen zwei Zugmaschinen – die kurze Strecke von der Werfthalle bis zur Ablassstelle erforderte Aufwand. *Fotos: Baumann*

Fahrgastschiff auf dem Weg zum Rhein

Auch kurze Wege können anspruchsvoll sein. Als im Frühjahr 2024 die Generalüberholung des Motorschiffs „Karlsruhe" abgeschlossen war, trennte es ein kurzes Stück Weg innerhalb des Werftgeländes in Bonn vom Rheinufer. Die Spedition Baumann aus dem nahen Bornheim übernahm die Aufgabe, das 285 Tonnen schwere, 45,8 Meter lange und 10,50 Meter breite Fahrgastschiff über das Werftgelände zu rollen.

Jeweils eine Mercedes Actros Zugmaschine vorn und hinten bewegten die Fuhre, die auf zwei sechsachsigen Modulen gelagert war, bis zur passenden Stelle am Ufer. Den „Rest" der Strecke nach Karlsruhe legte die MS „Karlsruhe", versehen mit neuen Antriebssystemen, dann auf dem Rhein zurück.

Auch wenn der Schiffsboden nahezu eben ist, muss in der Höhe Platz bleiben für die Aggregate.

Die acht Meter breite und 25 Meter lange Schwerlastkombination lotste die 151 Tonnen schwere Ladung durch enge Ortsdurchfahrten. *Fotos: TII Scheuerle*

Schwertransporter als Transportgut – Scheuerle doppelt auf der Straße

Ehe ein Schwertransporter in den Einsatz geht, muss er in vielen Fällen erst einmal selbst transportiert werden – und das kann dann auch wieder ein Schwertransport erheblichen Ausmaßes werden. So geschehen, als fünf Schiffsektionstransporter von Scheuerle für Hyundai Heavy Industries in Südkorea im Jahr 2023 vom Hersteller zum Kunden gebracht wurden. Je einer passte auf die Schwerlastmodule vom Typ Intercombi – natürlich ebenfalls aus dem Hause Scheuerle.

Übernommen hatte den Transport die Spedition Kübler. Der Weg führte über 30 Kilometer vom Werksstandort Pfedelsbach zum Heilbronner Hafen, über Landstraßen und Kreisverkehre, durch eng bebaute Orte. Die Herausforderung lag hier in der Breite der Ladung von acht Metern, zu Haus- und Tunnelwänden blieben oft nur wenig Platz, in der Ortschaft Bitzfeld waren es elf Zentimeter auf jeder Seite …

18 Achslinien waren hinter der vierachsigen MAN-Zugmaschine angeordnet. Gerade auf solchen Strecken bewährt sich die hohe Wendigkeit der Intercombi-Plattformwagen, der maximale Lenkeinschlag liegt bei +/- 60 Grad.

Im Hafen Heilbronn wartete das Binnenschiff, um die Fahrt nach Antwerpen anzutreten. Eingesetzt werden die Spezialtransporter in der größten Schiffswerft der Welt. Sie bieten eine Nutzlast von 800 Tonnen (Eigengewicht 151 Tonnen), um Schiffssektionen und andere schwere Komponenten des Schiffbaus zu befördern. Bis zu sechs dieser Giganten lassen sich zusammenkuppeln, um auch die größten Schiffssektionen mit einem Gesamtgewicht von bis zu knapp 5000 Tonnen sicher manövrieren zu können.

Wie breit ist der Tunnel? Extrem präzises Fahren ist hier gefragt.

„Einparken“ in der dritten Dimension: Auch nach oben muss der Fahrer mit solch ungewöhnlicher Kombination seinen Blick richten.
Foto: Nooteboom

Katamaran unterwegs: Ganz ohne Sturm in Schieflage

In kontrollierter Schieflage befindet sich dieser Katamaran, noch bevor er das erste Mal Wind und Wetter ausgesetzt wird. Da solche Boote mit rund 18 Tonnen relativ leicht sind, lässt sich ein technischer Trick am Tieflader verwirklichen: Eine hydraulisch gesteuerte Hebekonstruktion auf dem Auflieger ist in der Lage, den Katamaran bis zu einem Winkel von 50 bis 55 Grad links oder rechts anzuheben. So verfährt das Transportunternehmen Augizeau aus dem französischen Saint-Gilles-Croix-de-Vie. Der Betrieb fährt häufig große Boote und kleinere Flugzeuge. Die Ladung ist in vielen Fällen eilig, insbesondere neu auszuliefernde Boote, die über die Straße in der Regel binnen eineinhalb Tagen, auf dem Wasserweg aber nur in gut zwei Wochen ans Ziel kommen.

So rollen wie in diesem Falle Tieflader von Nooteboom und Ladung hinter einer serienmäßigen DAF-Zugmaschine mit drei Achsen zügig auf den vorher durchgeplanten Strecken, einmal leicht, einmal stark geneigt, je nach Hindernissen am Wegesrand, die andernfalls unter Umständen entfernt werden müssten. Die Aufmerksamkeit der Passanten ist dem Fahrer immer sicher.

Letzte Etappe: Zielort Speyer und das Technik-Museum sind schon in Sicht, die „Sean OKelly“ bald am Ziel. *Foto: Kübler*

Schiffstransport: Neue Heimat für das Hausboot

Im Jahr 2004 war dies eine Art Transport des Jahres – in der Szene und darüber hinaus. Das lag zum Teil an der Ladung, dem Hausboot „Sean OKelly“ aus dem Jahr 1923. Aber mehr noch sorgten die Eigentümer für Aufmerksamkeit: die seinerzeit sehr populäre, aus Irland stammende Musikerfamilie „Kelly Family“.

Der Jumbo-Jet im Hintergrund des Bildes weist den Weg: Der Schwertransport der Firma Kübler hat mit seiner ungewöhnlichen Fracht bald sein Ziel erreicht: das Technik-Museum in Speyer. Die zwei Actros-Zugmaschinen schleppen das Schiff vom Rheinufer zum Museumsgelände. Das Boot hatte von 1986 bis 1992 als Hausboot der Kelly Family gedient und in Köln gelegen. Das 1923 gebaute Schiff misst 8,80 Meter in der Höhe, 30 Meter in der Länge und sieben Meter in der Breite und bringt 180 Tonnen auf die Waage. Der ganze Zug erreichte auf der Landstrecke eine Länge von 55,50 Metern bei einer Breite von 6,40 Metern. Die Höhe von acht Metern entstand nur durch Entfernen von Aufbauten auf dem Schiff—ein Gewinn von 140 Zentimetern. Das Zuggesamtgewicht lag bei 275 Tonnen.

Vor Speyer angelandet, zog zunächst die Spedition Scholpp an einer Schiffswerft das Boot mit starken Seilwinden an Land und mit zwei schweren Kranen auf einen 20-achsigen Scheuerle Interkombi Tieflader. Gezogen wurde dieser von zwei Actros SLT aus dem Hause Titan mit zusammen über 1000 PS – der Publikumszuspruch am Streckenrand war enorm.

Roll off, roll on: Per hydraulischer Winde zieht der Faymonville-Tieflader den ICE-Waggon aus dem Gleisbett direkt auf das Tiefbett.
Foto: Faymonville

Waggontransport: Ohne Kran von Gleis zu Gleis

So vielfältig die Entwicklungen der Hersteller von gezogenen Schwerlastfahrzeugen auch sind, gibt es doch immer noch derart spezielle Anwendungen, dass eine Sonderanfertigung fällig ist. Die Anregung dazu kommt meist von Spediteuren, die ein Problem lösen müssen. So benötigte die Spedition Usinger aus Hamburg einen Tieflader für den Transport von ICE-Zwischenwaggons, der nicht nur in der Länge genau passt, sondern das Schienenfahrzeug auch ohne Kranhilfe verladen kann. Faymonville baute deshalb einen zweifach teleskopierbaren Tieflader vom Typ Pendelmax so um, dass eine Ladelänge von 34 Metern zur Verfügung stand, 3,80 Meter an Gesamthöhe nicht überschritten wurden und eine Ladung von 50 Tonnen verkraftet werden konnte. Der Clou aber war die hydraulische Winde, die den Waggon über die ebenfalls zusätzlich gelieferte Rampe direkt aus dem Gleisbett auf den Tieflader ziehen konnte, nachdem das hintere Fahrwerk vom Tiefbett getrennt wurde. Die Wende hält die Ladung auch während der Fahrt und lässt sie am Zielort wieder ab.

Es scheint, als schaue der Elefant skeptisch auf den weiteren Verlauf der Strecke. In Wahrheit ist er gut befestigt und kann selbst starkem Seitenwind trotzen. *Foto: Nooteboom*

Kunst-Elefant: Nicht schwer, aber empfindlich

Es gibt Schwertransporte, die vom Gewicht her diesen Namen gar nicht verdienen – aber bei den Dimensionen und der notwendigen Sorgfalt doch anspruchsvolle Spezialtransporte darstellen: Der Elefant auf dem Nooteboom-Tieflader wiegt nur zwölf Tonnen, dafür ist er aber 5,50 Meter hoch und 2,70 Meter breit – und höchst empfindlich, so lange er unterwegs ist. Es handelt sich um ein Kunstobjekt, das um das Jahr 2008 im französischen Lille abzuliefern war.

Um einen ungefährdeten Transport zu ermöglichen, wurde der Vierbeiner an einem zu diesem Zweck montierten Rahmen befestigt. Die Volvo-Zugmaschine des belgischen Speditionsbetriebes Dufour, eine reine Straßenversion mit nur zwei Achsen, dürfte die Last kaum gespürt haben, der Fahrer allerdings musste seine Fracht stets im Auge behalten…

Größenverhältnis: Die Selbstfahrmodule machen sich fast niedlich unter der Containerbrücke. *Fotos: www.hadel.net*

In Teilen auf der Straße, komplett auf dem Ponton: Anfahrt einer Containerbrücke

Bis diese Containerbrücke endlich an Ort und Stelle war, musste 2019 viel geschehen. Der Hamburger Hafen war das Ziel, gebaut wurde die Brücke in Rostock. Eine ganze Containerbrücke lässt sich nicht verschiffen, deshalb kam sie in Teilen auf die Straße, mit dem Ziel Bremerhaven. Eine ganze Serie von Schwertransporten rollte dafür durch Hamburg. Im Hafen von Bremerhaven war im Gegensatz zu Hamburg genügend Raum für die umfangreichen Montagearbeiten.

Fertig montiert galt es nun, die Brücke auf einen Ponton zu bugsieren, auf dem sie über See den Weg nach Hamburg antreten konnte. Vier selbstfahrende SPMT-Module von Scheuerle in der exakt passenden Länge setzte Spediteur Sarens für den Weg vom Montageplatz zum Ponton ein. Auf ihnen waren zwei Querträger zur Aufnahme der Ladung montiert, alles bereit, um 2000 Tonnen zu bewegen. Exakte Planung und viel Geduld erforderte nach dem Weg über die Hafenfläche der Wechsel auf den Ponton. Zunächst wurde eine kleine Rampe überfahren, dann erfolgte auf dem Ponton eine Drehung um 90 Grad, hart am Wasser vorbei.

Zwei Querträger für 2000 Tonnen Last.

Zwei Häuser auf Rädern: Links die Brecheranlage, rechts das Siebhaus. *Foto: www.hadel.net*

Schwere Ladung in zwei Teilen: Brecheranlage geht auf Reisen

Dieser Grund für einen Schwertransport im Hafengelände ist gewiss nicht alltäglich: In Bremerhaven wurden 2019 auf speziell dafür vorgesehenen Flächen eine insgesamt 3270 Tonnen schwere Brecheranlage mit Sieb- und Fördertechnik aus angelieferten Komponenten zu einem wahrhaft großen Ganzen zusammengeführt. ThyssenKrupp hatte sie für die kanadische Insel Baffin Island konzipiert. Sie muss dort Permafrostboden bearbeiten, um Bodenschätze zu bergen. Und genau dieser Dauerfrostboden und die tiefen Temperaturen verhindern eine Montage vor Ort, sodass die Zwischenstation Bremerhaven eingelegt werden musste.

Am Schluss der Arbeiten stand die Verfahrung auf ein Schwerlastschiff. Sie erfolgte in zwei Teilen, zuerst war die 1470 Tonnen schwere Brecheranlage an der Reihe, dann das 1800 Tonnen wiegende Siebhaus. Vier mal 18 Achslinien von Scheuerle-Schwerlastmodulen wurden aufgeboten. Kurz vor der Rampe als Übergang zum Schiff galt es noch eine 90-Grad-Kehre zu bewältigen, dann konnte die Seereise bald starten.

Gewaltige Dimensionen und höchstmögliche Wendigkeit – dieser Transport in Indien setzte Maßstäbe. *Foto: Goldhofer*

Ein Jahr und 12.582 Tonnen über 600 Kilometer

Es hat ein Jahr gedauert – und das war nicht lang für diese außerordentlich große Aufgabe. Die indische Spedition Prism Logistic war beauftragt, Kolonnen (verfahrenstechnische Apparate) und Reaktoren über eine Entfernung von 600 km zu transportieren – nicht weniger als 34 Einheiten. 55 Meter in der Länge, fast zehn Meter in der Breite und Höhe sowie ein Gewicht von ca. 750 t sind die überaus stattlichen Werte des Transports. Insgesamt kamen 12.582 Tonnen zusammen. Das spielte sich zwischen August 2022 und Juli 2023 ab.

Etwa 1100 Achslinien sowie mehr als 115 Selbstfahrer wurden im Transportprozess eingesetzt, mehr als die Hälfte davon von Goldhofer. Der Transportprozess beinhaltete ebenfalls die Verschiffung von verschiedenen Orten auf dem Seeweg nach Mundra. Zum ersten Mal in Indien überhaupt nutzte Prism die Möglichkeit des Seitenbeladens und -entladens der Frachten dank der Hilfe von Goldhofers selbstfahrenden PST-Modulen. Die extreme Präzision und hohe Manövrierfähigkeit machten es möglich, die komplizierte Aufgabe auf engstem Raum zu erfüllen. Ab Dezember 2022 verließ die Fracht den Hafen von Mundra in sieben Konvois zur Rajasthan-Raffinerie, einem Raffinerie- und Petrochemiekomplex in Barmer (Bundesstaat Rajasthan). Danach ging es auf die Straße, 600 km einschließlich fünf Bahnübergängen und einem Flusskanal. Das liest sich leicht, in der Realität aber ging es darum, den Wasserfluss für 15 Tage zu unterbrechen, um zwei Stahlbrücken in einer Kapazität von 1500 Tonnen zu errichten. Alle 34 überdimensionalen Frachten erreichten sicher und in Rekordzeit von 364 Tagen ihr Ziel in Barmer. Ein Team von mehr als 400 Fachleuten, darunter Bauingenieure, Maschinenbauingenieure, Schiffsbauingenieure und Schiffsarchitekten, bewältigten das beispiellose Mammutprojekt.

Deshalb sind die Zäune nicht höher … beim Transport des Kessels wurden die zwei Goldhofer-Module jeweils von einem Gerät aus gesteuert. *Foto: Goldhofer*

Großkessel: Auf 32 Achslinien zum Hafen

Transporte von großen Industrieanlagen für die Chemieindustrie und für Schiffswerften sind tägliche Arbeit bei der Berard Transportation Inc., New Iberia, Louisiana, im Süden der USA. So auch der Transport eines 487 Tonnen schweren Kessels vom Produktionsgelände innerhalb der Stadt über eine Strecke von mehreren hundert Metern bis zum Hafengelände. Der Koloss war über 67 Meter lang, maß fast sechs Meter im Durchmesser und die Transporthöhe betrug insgesamt 9,5 Meter. Er ruhte auf selbstfahrenden Goldhofer Schwerlasttransportern vom Typ PST/ES-E, die zu je zwei Sechsachsern und Zehnachsern parallel gekoppelt, als Langmaterialzug den Weg für den monströsen Behälter bahnten. Dabei überquerte der Schwertransport mehrere Bahnübergänge. Besondere Herausforderung der Wegstrecke war eine 90 Grad-Wende – wahrlich keine alltägliche Strecke.

SCHEUERLE
MEYER WERFT

Daraus wird einmal ein Kreuzfahrtschiff: Scheuerle-Werfttransporter in der Meyer-Werft.
Foto: TII Scheuerle

Geradezu sanft gingen die Schwerlastmodule von Scheuerle mit der Kapelle von Košice um. *Foto: Scheuerle*

Kapelle unterwegs: Wie auf Händen getragen

Dieser Auftrag war etwas ganz Besonderes für die Spedition Riga in Mainz und ihren italienischen Kooperationspartner Fagioli. Es ging um das Versetzen eines ganzen Bauwerks. In der slowakischen Stadt Košice musste eine als wichtiges Kulturerbe eingeschätzte Kapelle der Ausweitung eines Bergbaugebietes weichen. Sie stammt aus dem zwölften Jahrhundert und weist wertvolle Fresken auf. Rund sieben Kilometer entfernt vom alten Standort sollte sie neu platziert werden. Bis es zum eigentlichen Transport kam, waren erst einmal umfangreiche Bauarbeiten notwendig. Zuerst erhielt die Kapelle ein neues Fundament, im oberen Teil sorgten Stahlseile für Stabilität. Hydraulikzylinder hoben das Bauwerk dann um 150 Zentimeter an, damit die zwei selbstfahrenden, zusammengekoppelten Schwerlastmodule von Scheuerle sich darunter schieben konnten.

420 Tonnen schwer, mit einer erforderlichen Grundfläche von zehn mal zehn Metern und einer Höhe von 17 Metern, das ist die Ladung in Zahlen. Die Fahrt ging glatt, die Kapelle wurde wie auf Händen auf dieser ungewöhnlichen Reise getragen und erreichte sicher ihre neue Heimat, ohne die geringste Beschädigung. Nicht einmal lose auf dem Dach liegende Tonziegel fielen herunter – so fein dosiert arbeiteten die elektronische Antriebsregelung, die Lenkung und der hydraulische Achsausgleich der Module.

Zwei modulare Plattformwagen von Cometto mit je 24 Achsen balancieren die Holzkirche an ihren neuen Standort. *Foto: Cometto*

Kirche auf 96 Rädern: Spektakuläre Rettung in Kiruna

Schwerlastlogistik kann Kulturgut retten: Im August 2025 erlebte das die nordschwedische Stadt Kiruna. Ein für das Leben in der Stadt und für die Geschichte der Region gleichermaßen bedeutsames Bauwerk musste vom gefährdeten Standort an einen sicheren Ort gebracht werden. Die Holzkirche aus dem Jahr 1913 bringt 700 Tonnen auf die Waage, der neue Standort liegt fünf Kilometer entfernt. Im Tempo von 500 bis 1000 Meter pro Stunde bewegten zwei modulare Plattformwagen von Cometto mit jeweils 24 Achslinien das mächtige Gebäude über eine vorbereitete Fahrtrasse von 24 Metern Breite.

Der zweitägige Transport, ausgeführt von Mammoet aus den Niederlanden, war nur der krönende Abschluss einer umfassenden, sich über acht Jahre hinziehenden Aktion. Nach der Sicherung wertvoller Innenausstattung begannen die eigentlichen Transportvorbereitungen mit Bodenarbeiten. Um die Kirche herum wurde die Erde ausgehoben, um unter dem Gebäude ein Netz von Stahlträgern anzubringen. Dann hob man die Konstruktion an, damit die Plattformwagen sie unterfahren konnten. Am Ziel wurden Stahlträgernetz und Kirche in ein vorbereitetes Fundament eingelassen.

Der Transport kostete insgesamt 44 Millionen Euro, bezahlt von dem schwedischen Bergbauunternehmen LKAB. Und das aus gutem Grund, denn die Kirche musste wegen des künftigen Untertage-Erzabbaus weichen.

Stahlturmsegmente einer Windkraftanlage auf der Autobahn in den ersten Jahren nach 2000. Jede Kombination bringt ein Zuggesamtgewicht von 180 Tonnen auf die Fahrbahn, die Transporthöhe beträgt acht Meter. Die Last tragen Transportmodule von Goldhofer. *Foto: Goldhofer.*

Windkraft: Kaum Gewicht, aber viel Länge …

Im Zuge der Energiewende in Deutschland und auch in anderen europäischen Ländern hat der Transport von Windkraftanlagen eine enorme Bedeutung erlangt. Nicht allein die Anzahl – im Jahr 2024 waren es in Deutschland 635 – macht diese Dimension aus, sondern gerade zwangsläufig die hoch gelegenen Standorte in der freien Natur. Für die Transporteure bedeutet das zumindest auf den letzten Metern oft: schwierige Bodenverhältnisse und enge, kurvenreiche Fahrbahnen.

Pro Windkraftanlage stehen mindestens 15 Transporte an. Zu transportieren sind der Turm, die Rotorblätter und die Gondel. Letztere wiegt zwischen 20 und 50 Tonnen und wird auf einem Tieflader gefahren. Viel mehr Arbeit machen die Türme, in der Regel aus Stahlrohren gefertigt. Sie können 60 bis 250 Tonnen schwer sein und werden in Segmenten auf Transportmodule gehoben. Die Rotorblätter kommen dagegen nur als Ganzes ans Ziel. Hier hat sich die Fahrzeugindustrie immer wieder an die Gegebenheiten angepasst beziehungsweise umgekehrt neue Dimensionen ermöglicht. Bis an die 100 Meter kann ein Rotorblatt an Länge aufweisen. Für den Transport werden teleskopierbare Tieflader eingesetzt oder aber die Rotorblätter fungieren als selbsttragende Ladung, vorn über der Zugmaschine an Adaptern befestigt und hinten auf einem Nachläufer aufgelegt.

Hier ist die Zugmaschine der Firma Harristrans voll gefordert, den Lastzug auf feuchter Strecke mit dem Rotorblatt im Rücken bergauf zu ziehen. Man ahnt, welche Feinfühligkeit hier gefragt ist. Die Eigenschaft moderner Lkw-Motoren, schon bei niedrigen Drehzahlen ihre Kraft zu entfalten, kommt dem Fahrer dabei entgegen. Sehr aufpassen muss er aber dennoch, um seinen Zug ohne unfreiwilligen Halt durch die kurvenreiche Passage zu steuern. Das Bild wurde um 2008 in Griechenland aufgenommen. Im Schlepp hat die Scania-Zugmaschine einen ausziehbaren Teletrailer von Nooteboom. *Foto: Nooteboom*

Ohne Höhenbegrenzung …

Eine Tour ist immer noch gut zu schaffen, wenn der Weg ohne große Kurven verläuft oder ein Kreisverkehr frei von Hindernissen an den Rändern ist. Ausgeklügelte Lenksysteme, besonders in den Nachläufern, lösen die Probleme. Was aber passiert in Kurven einer Ortsdurchfahrt oder gar auf Waldwegen? Lange waren Windkraftstandorte auf den Gipfeln der Mittelgebirge in Deutschland politisch umstritten, inzwischen sind sie längst Normalität.

Ist rechts und links kein Platz, weil hohe Hindernisse an engen Radien im Wege stehen, bleibt nur der Raum nach oben. Blade Lifter an den Nachläufern haben die Kraft, den Rotorflügel am unteren Ende bis zu einem Winkel von 60 Grad anzuheben und aufzurichten und sie beim Anfahren und Rollen sicher festzuhalten. Sie verfügen dabei über eine Hubkapazität von 550 bis 750 Metertonnen. Für alle Rotorblatttypen gibt es die passenden Adapter, ebenso für die Turmmodule.

Der Transport steht bereit – die Spedition Schwandner fährt im Jahr 2019 Rotorblätter durch Thüringen. *Fotos: Gerlach Fronemann*

Unterwegs in der Ortslage – Das Rotorblatt ist nur leicht angehoben.

Wird es aber zu eng, hebt der Lifter die sperrige Ladung ganz nach oben.

86 Meter Länge verlangt das Rotorblatt dem Transportsystem ab – Scheuerle RBTS und Mercedes Actros verlassen den Hafen von Wilhelmshaven. *Fotos: TII Scheuerle*

Fast 100 Meter am Stück – Windkraftflügel unterwegs

Mit der hauseigenen Logistik führte Enercon, Hersteller von Windkraftanlagen im ostfriesischen Aurich, den Transport von 30 Rotorblättern in 86 Metern Länge durch. Schwerlastzugmaschinen von Mercedes-Benz und Module von Scheuerle standen dafür bereit. Drei RotorBlattTransport-Systeme (RBTS), waren ganz neu beschafft worden, bestehend aus einem Dolly und einem Nachläufer. Besonderheiten sind die Querverschiebung des Blattes auf dem Dolly und die doppelte Hubzylinder-Ausführung. Die Actros-Zugmaschine hat vier Achsen.

Gleich zu Beginn verlangte die Ausfahrt von der Autobahn alles ab: Der Nachläufer musste weit ausheben, um über Leitplanken und Straßenbegrenzungen hinweg zu schwenken – eine hohe Anforderung.

Das RBTS von Scheuerle wurde speziell für den Transport der immer länger werdenden Rotorblätter der neuesten Windenergieanlagen entwickelt. Es ist ein Sattelauflieger, der über einen Adapter für die Rotorblattaufnahme und einen Nachläufer mit eigener Lenkung verfügt. Der modulare Aufbau ermöglicht die flexible Anpassung an unterschiedliche Rotorblatttypen und Transportanforderungen. Durch die hohe Aushebehöhe sowie die Möglichkeit zur flexiblen Lenkkontrolle des Nachläufers lassen sich selbst enge Ortsdurchfahrten, Kreisverkehre oder anspruchsvolle Rückwärtsfahrten sicher und effizient meistern.Auch im Ortsbereich Friesoythe wurden hohe Anforderungen an Technik und Vorbereitung gestellt: Ein Kreisverkehr wurde temporär zurückgebaut, mit Stahlplatten ausgelegt und der Schwenkbereich des Rotorblatts angepasst. Hier kommt vieles zusammen: Während Zugmaschine samt Hubadapter bereits durch eine Unterführung fahren, rangiert der Nachläufer noch im Kreisverkehr!

Die letzte Herausforderung wartete im Windpark selbst: 800 Meter Rückwärtsfahrt über einen schmalen Wirtschaftsweg – mit einem Rotorblatt im Rücken, das im Rückspiegel kaum sichtbar ist. Die Lösung: Vom Cockpit aus wird die Nachläufereinheit per Funk gelenkt, der Fahrer behält permanent den Überblick.

Enger Kreisverkehr, großer Radius: Hier ist höchste Präzision gefragt.

Der zweiachsige Dolly an der Zugmaschine.

Der Schwerlastzug: Diesellokomotive der Baureihe 218 aus Zeiten der Deutschen Bundesbahn, der 32-achsige Tragschnabelwagen und der Begleitwaggon, Baujahr 1970. *Foto: Kübler/Maarten Schoubben*

Trimodal: Straße, Schiene, Wasserwege

Schwertransporte auf der Schiene haben es schwer, dieselbe Aufmerksamkeit zu finden wie das Geschehen auf der Straße. Es müssen schon Eisenbahnfreunde sein, die auch die Fahrpläne der Sonderzüge kennen, um einen solchen Transport mit der Kamera zu erwischen. Denn Schwertransporte auf den Gleisen rollen meist im Wortsinn zügig voran. Wenn der Fahrplan steht, der Zug passgenau startet und der Regelbetrieb der Eisenbahn nicht allzu viele unplanmäßige Stopps verursacht, hat ein Transport beispielsweise von Augsburg nach Heilbronn im Vergleich zum Straßentransport sein Ziel in der halben Zeit erreicht. Auf der Straße benötigen drei Zugmaschinen und eine Hubhebelkesselbrücke vier Nächte, auf der Schiene zwei.

Das Zahlenbeispiel stammt von Kübler Heavy Rail, ein Tochterunternehmen der Spedition Kübler. Kübler versteht sich als trimodaler Schwergutlogistiker, nutzt das Binnenschiff wie andere Speditionen auch und betreibt selbst neben dem dominierenden Straßentransport auch Schwerttransport auf der Schiene. Und zwar seit dem November 2023 als anerkanntes Eisenbahnverkehrsunternehmen (EVU). Knapp drei Jahre zuvor hatte Kübler das Bahngeschäft des französischen Schwerlastspezialisten Daher gekauft. Und was Daher dabei einbrachte, war nichts anderes als der Aufgabenbereich der früheren Schwerlastgruppe der Deutschen Bahn, den diese kurz nach der Jahrtausendwende an die Franzosen veräußert hatte.

Umschlag von der Schiene auf die Straße: Verschubbahn auf den Straßentieflader. *Foto: Kübler*

Allerdings hatte Kübler den Einstieg in den Eisenbahnsektor schon vorher geschafft. Als plötzlich ein Tragschnabelwagen mit 24 Achsen verfügbar war, kaufte man ihn kurzerhand, zwei weitere kamen später hinzu. Dabei waren aber immer noch die Dienste eines zugelassenen EVU nötig, es blieb beim Verladen, Begleiten und Entladen, fahren mussten andere. Das änderte sich, als aus Frankreich das Kaufangebot kam.

Heute verfügt Kübler Heavy Rail über rund 120 Spezialwaggons, vom zweiachsigen Tieflader mit 27 Tonnen Nutzlast bis zum Star der Schwerlastlogistik auf der Schiene: dem 32-achsigen Tragschnabelwagen bis 500 t Nutzlast. Und über fünf Diesellokomotiven der Baureihe 218 der einstigen Deutschen Bundesbahn, nun lackiert in Kübler-Farben. Vier davon werden einsatzbereit gehalten.

Umschlag vom Wasser auf die Straße: Schubeinheit und Leichter übergeben das Ladegut dem Straßentransport.
Foto: Technikmuseen Sinsheim Speyer

Das Maß der Dinge beim Eisenbahntransport ist selbstverständlich das eisenbahnspezifische Lichtraumprofil, höher und breiter darf die Ladung nicht sein. Allerdings kann es auch bei strikter Einhaltung eng werden: etwa in Kurven an Bahnsteigen oder Beschilderungen und Signalmasten. Deshalb haben die Tragschnabelwagen als große Einheiten einen seitlichen Verschub von 500 Millimetern. Auch ein Absenken ist möglich. Die Eisenbahntransporte werden stets begleitet. Langsamfahrten durch Bahnhöfe in Kurvenlage oder über Weichen gehören zu den Pflichten. Hauptladegut auf der Schiene sind schwere Maschinen wie Schiffsmotoren oder Transformatoren bis 500 Tonnen Gewicht.

Zur trimodalen Logistik gehören drei Umschlagorte. Von der Straße auf den Zug, falls die Ladung nicht beim Hersteller direkt aufgenommen werden kann, und dann vom Zug wieder auf die Straße oder auf das Schiff. Letzteres erledigen einige Binnenhäfen in Deutschland. Kübler unterhält im Hafen von Mannheim ein eigenes Schwergutzentrum. Der Brückenkran dort schafft bis zu 500 Tonnen. Für den Übergang von der Schiene auf die Straße steht oft kein Kran zur Verfügung. Hier wird das Transportgut über Hydraulikzylinder auf eine Verschubbahn gesetzt. Ist die Ladung neben dem Gleis verschoben, wird sie abgestützt, und von den Straßenmodulen mit Kesselbrücke unterfahren. Für die anschließende Leerfahrt des Tragschnabelwagens lassen sich die Tragschnäbel zusammenkoppeln.

Ein spezielles Fahrzeug für den Schwertransport auf der Schiene entwickelte Anfang der 1970er Jahre Scheuerle für die Deutsche Bundesbahn. Der LS-250 Schwerlast-Selbstfahrer war kompatibel mit den Tragschnabelwaggons und sorgte für einen problemlosen Wechsel zwischen Schiene und Straße. Im Prinzip bestand der Transporter aus zwei Modulen mit fünf Achsen. Jeweils am Ende saß eine imposante Kabinen- und Motoreinheit und in der Mitte zwei hydrostatisch betriebene Antriebsachsen, erkennbar an den großen Rädern. Jede Hälfte konnte 250 Tonnen tragen, die Leistung der MTU-Motoren betrug jeweils 750 PS. Bei den hohen Drehzahlen, mit denen die Motoren den Öldruck für den hydrostatischen Antrieb herstellten, entstand ein starkes Heulgeräusch, weshalb die Maschine schnell den Spitznamen „Heuler" bekam. Auf dem Bild ist die zweite Generation des „Heulers" zu sehen – in einer nicht einfachen Fahrsituation. Die neue Version wurde 2012 eingeführt. Die Antriebsachsen sind jetzt in der üblichen Größe belassen, insgesamt sind jeweils zwölf Achsen verbaut. Die Motoren sind kaum noch verkleidet, die Kabine kantig ausgeführt, ein für die Zeit modernes Erscheinungsbild. Die V8-Motoren von Deutz leisten jeweils 680 PS. Heute sorgen Schwerlastzugmaschinen und Module für die Übernahme auf die Straße. *Foto: Kübler/Michael Bauer*

Umschlag von der Schiene auf das Wasser: 500-Tonnen-Brückenkran im Kübler Schwergutzentrum im Mannheimer Hafen. Auf dem Gleis ein getrennter Tragschnabelwagen nach der Entladung. *Foto: Kübler*

ALE
ALE

Fünf Schwerlastmodule von Scheuerle mit zusammen 70 Achslinien tragen dieses gewaltige Rohbaubetonteil.
Foto: TII Scheuerle